Willy Loderhose

WENN SIE EIN ELEKTROAUTO KAUFEN, MÜSSEN SIE DAS LESEN

Ultimative Antworten auf alle Fragen
rund um das Thema Elektromobilität

W0072540

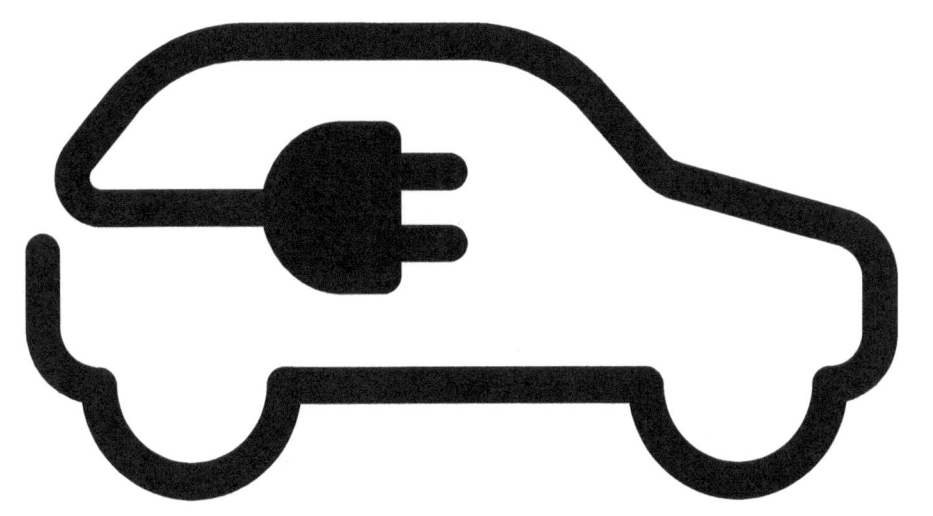

WENN SIE EIN ELEKTROAUTO KAUFEN, MÜSSEN SIE DAS LESEN

Ultimative Antworten
auf alle Fragen rund um das
Thema Elektromobilität

FBV   WILLY LODERHOSE

Bibliografische Information der Deutschen Nationalbibliothek
Die Deutsche Nationalbibliothek verzeichnet diese Publikation in der
Deutschen Nationalbibliografie. Detaillierte bibliografische Daten sind im
Internet über http://dnb.d-nb.de abrufbar.

Für Fragen und Anregungen
info@finanzbuchverlag.de

1. Auflage 2021
© 2021 by FinanzBuch Verlag, ein Imprint der Münchner Verlagsgruppe GmbH
Türkenstraße 89
80799 München
Tel.: 089 651285-0
Fax: 089 652096

Redaktion: Petra Holzmann
Umschlaggestaltung: Marc-Torben Fischer; Rüdiger Quass von Deyen
Umschlagabbildung: shutterstock/Azat Valeev
Bilder im Innenteil: Willy Loderhose
Satz: Röser MEDIA GmbH & Co. KG, Karlsruhe
Druck: GGP Media GmbH, Pößneck
Printed in Germany

ISBN Print 978-3-95972-524-8
ISBN E-Book (PDF) 978-3-98609-008-1
ISBN E-Book (EPUB, Mobi) 978-3-98609-009-8

Wir produzieren
nachhaltig
www.m-vg.de

Weitere Informationen zum Verlag finden Sie unter

www.finanzbuchverlag.de

Beachten Sie auch unsere weiteren Verlage unter www.m-vg.de

INHALT

INHALT

VORWORT

Elektroautos sind cooler!

Bitte entschuldigen Sie dieses pubertäre Statement gleich zu Anfang, aber ich bin sicher: Bei genauerer Betrachtung bleibt Ihnen nichts weiter übrig, als das ebenfalls anzuerkennen. Die Zusammenfassung nämlich ist:

- Elektroautos sind leiser.
- Elektroautos sind unkomplizierter.
- Elektroautos sind sprintstärker.
- Elektroautos sind umweltfreundlicher.
- Elektroautos sind am Ende preiswerter.
- Elektroautos machen viel mehr Spaß als andere Autos!

Und die Nachteile? Sie haben bestimmt von den Nachteilen gehört:

- Elektroautos haben eine viel zu geringe Reichweite.
- Das Laden funktioniert nicht richtig und es gibt noch viel zu wenig Lade-Möglichkeiten.
- Elektroautos sind in Wahrheit eine größere Umweltsauerei als Benziner und Diesel.
- Und sie sind wahnsinnig teurer.

Das meiste davon ist Schnee von gestern, Makulatur, Stammtischgerede!

Natürlich bin ich voreingenommen: Als Mitarbeiter einer Zeitschrift für die Mobilität der Zukunft stellen mir die Hersteller stets die neuesten

Elektroauto-Modelle vor die Tür und laden mich, wenn nicht gerade Pandemie ist, an schöne Orte ein, wo ich diese Autos fahren darf.

Das machen sie allerdings mit ihren Benzin- und Dieselprodukten auch – seit vielen Jahren. Ein Leben lang fahre ich nun Auto, bin mit Autoquartetten aufgewachsen, in denen PS-Zahlen, Drehmoment-Rekorde und astronomische Kaufpreise verschiedener Epochen gegeneinander antraten. Und ich bin in Frankfurt am Main groß geworden, der Stadt der Autoshow IAA, und habe Anstecknadeln gesammelt und getauscht: »Opel, VW und Ford gegen Ferrari.«

Später habe ich das Geschäftsmodell der Autoindustrie lange unterstützt und brav alle zwei, drei Jahre einen »Neuen« gekauft. Kleinwagen, Kombi, Cabrio, Allrad-SUV – je weniger im Leben ich tatsächlich auf ein Auto angewiesen war, desto mehr musste es bollern. Eine Beförderung im Job war stets mit dem nächst größeren Dienstwagen verbunden, keine Beförderung auch …

Seit einigen Jahren aber fahre ich elektrisch, und dieses souveräne Surren der E-Autos treibt mir beinahe auf jeder Fahrt ein überzeugtes Lächeln ins Gesicht. Wenn ich dann sehe, wie bei uns um die Ecke Mütter und Väter ihre Kinder immer noch in übergewichtigen, mit Erdöl befeuerten Kolossen von der Schule abholen, mag ich das nicht verurteilen. Diese Autos kommen mir inzwischen wie Dinosaurier vor, wie Relikte einer längst vergangenen Zeit!

Auf den folgenden Seiten möchte ich Ihnen erklären, warum die Elektromobilität keine Modeerscheinung ist, die irgendwann wieder vorbeigeht, sondern sich durchsetzen wird.

Und ich möchte Ihnen dazu einfach ein paar Fragen beantworten.

TEIL I

DIE WICHTIGEN FRAGEN

KAPITEL 1

WIE WEIT KOMMT MAN WIRKLICH MIT EINEM ELEKTROAUTO?

Das ist die erste, wichtigste, oftmals einzige und mit großem Abstand meist gestellte Frage. Daher gleich zu Anfang und ohne den Hauch eines Zögerns die richtige Antwort darauf:

»Weit genug!« Seit dem Jahr 2021 geht es etwas genauer: »So gut wie immer weit genug.« Und für die Zeit ab 2022 lautet die Antwort sogar: »Immer weit genug!«

Dann stelle ich Ihnen eine Gegenfrage: Wo wollen Sie denn hin? An dieser Stelle wette ich, dass ich für jeden denkbaren Einsatzzweck das passende Elektroauto für Sie parat habe, sowohl was die Reichweite betrifft als auch die Bedingungen des Ladens – aber dazu kommen wir später.

Auch dass Sie vielleicht eine »eierlegende Wollmilchsau« wollen, also ein möglichst universelles Fahrzeug, das nicht nur Ihren Haupteinsatzzweck erfüllt, sondern gleichzeitig ein Lastesel, ein Marathonläufer oder ein Rennwagen ist – auch das möchte ich Ihnen nicht ausreden. Ich erlaube mir nur ein paar ergänzende Gedanken dazu.

Doch eins nach dem anderen: Die mit Abstand häufigsten Fahrten, die die meisten von uns machen, finden im Umkreis von maximal 50 Kilometern vor unserer Haustür statt. Selbst wenn Sie zwischen Ihrem Wohn-

und Arbeitsort pendeln und Ihnen nichts anderes übrigbleibt, als jeden Tag, sagen wir, von München nach Ingolstadt, von Köln nach Münster, von Frankfurt nach Darmstadt oder von Hamburg nach Glückstadt fahren zu müssen, dann haben Sie eine Tagesreichweite von circa 100 bis 120 Kilometern. Die gute Nachricht ist: Es gibt heute kein reines Elektroauto mehr, das diese Distanz inklusive Rückweg nicht locker schafft.

Das gilt nicht für einige Fahrzeuge aus der Frühzeit dieser neuen Technologie, denn die machen oft früher schlapp. Teure Manufaktur-Boliden speziell der Marke Tesla hatten dieses Problem allerdings früher schon nicht. Bei ihnen ist der Akku nach dieser Distanz noch fast voll. Elon Musk nämlich, der visionäre Gründer, dem von Anfang an egal war, was andere denken, sei es im Auto-, Solar- oder Weltraumbusiness, fragte nie, ob etwas machbar sei – er machte es einfach. Je weiter jemand fahren möchte, desto größer muss der Akku sein. Wenn es keinen Akku gab, der groß genug war, dann baute Musk ihn eben. Und wenn es an Gelegenheiten fehlte, diese dicken Akkus aufzuladen, dann wartete er auch nicht auf irgendeinen Stromanbieter, der Ladestationen hinstellte, sondern baute auch die. Das war ein Risiko, eine Wette auf die Zukunft, doch sie ging offensichtlich auf. Rücksicht nahm er auf niemanden und nichts, nicht einmal auf seinen eigenen Geldbeutel, der keineswegs immer so prall gefüllt war wie heute.

So kam es, dass Betuchte und Fans dieser Marke schon seit zehn Jahren lange Strecken fahren, an immer mehr sogenannten Superchargern laden und dazu stets von sich behaupten können, ein Stück ihrer eigenen Weltrettungsfantasien umgesetzt zu haben.

Es stimmt: Man braucht die sogenannten First Mover, um Technologien weiterzubringen und für einen Massenmarkt tauglich zu machen, aber ohne eine kritische Masse an Nutzern eines Produktes ist dieses nur beschränkt lebensfähig und als Werkzeug für eine bessere Zukunft untauglich. All das weiß Herr Musk seit Jahren, und das wissen auch seine Konkurrenten. Ohne mehr »Reichweite für alle« gibt es keinen durchschlagenden Erfolg für Elektroautos, weder am Automobilmarkt, erst recht nicht für die Umwelt.

Während also der Visionär aus Kalifornien sein bahnbrechendes, weil am Fließband produziertes Model 3 unter teils heftigen Geburtswehen auf den Markt brachte, wachten auch die deutschen Autobauer, allen voran Volkswagen, und die Koreaner mit ihrem Hyundai-Konzern (zu dem auch die Marke Kia gehört), auf. Sie alle nämlich bauen inzwischen Autos, die bezahlbar sind und auf Wunsch Reichweiten bieten, sodass man die eben genannten Strecken tatsächlich und locker zurücklegen kann.

Ein Volkswagen ID.3, ID.4 und ein Ioniq 5 aus dem Hause Hyundai, ein Kia e-Soul und so ziemlich jeder weitere Rein-Elektrische koreanischer Fertigung sind heute Garanten nicht nur für akzeptable Reichweiten, sondern auch dafür, dass ihre Erbauer sich einige Gedanken um die bilanzielle CO_2-Neutralität gemacht haben: So nennt man die Umweltverträglichkeit über die gesamte Wertschöpfungskette eines Autos hinweg, was die Entwicklung, den Bau, die tatsächliche Nutzungszeit und später das Recycling des Altmetalls, aber auch des umwelttechnisch nicht immer unproblematischen Akkus angeht.

Batterietechnologien wie der heute dominierende Lithium-Ionen-Akku sind ausreichend für viele der automobilen Anwendungen unserer Tage – zukunftssicher indes sind sie nicht. Im Nutzfahrzeugbereich und in einigen Nischen beginnt sich gerade ein Markt für Brennstoffzellen als Energiespender für Elektromotoren zu etablieren. »Wasserstoff gleich mehr Reichweite« ist zwar eine Formel, die aufgeht, aber auch dieser flüssige Wasserstoff muss erst einmal dahin kommen, wo er gebraucht wird.

Einfacher wird es, wenn es zum Beispiel gelingt, erneuerbare Energie aus Wind, Wasser oder Sonnenkraft in kleineren, leichteren, billigeren und noch sichereren Akkus zu speichern, die man dann entweder an der Ladestation einfach umtauscht oder in Windeseile nachlädt. Das Stichwort hierzu lautet »Feststoff-Akku«. Die meisten Hersteller schauen sich da gerade auf dem Weltmarkt um – nur Tesla forscht, wie immer, selbst.

Aber so oder so: Boshafte Fragen wie »Was haben E-Autos und Durchfall gemeinsam?« und deren noch gemeinere Antwort »Die Angst, es nicht allein nach Hause zu schaffen« sind nicht mehr angebracht, denn mit nur einem Minimum an Planung ist das Reichweiten-Problem keines mehr.

Gestatten Sie mir, Ihnen an dieser Stelle von meinen vielen Fahrten zwischen den Metropolen Frankfurt und Hamburg zu erzählen und wie sich diese im Laufe der Jahre verändert haben.

Als Student lernte ich die Strecke einst kennen – mit einem 30 PS schwachen Uralt-Käfer, der die Kasseler Berge auf der A7 nur mit Mühe bezwang und dessen kleiner Tank, gepaart mit recht hohem Verbrauch, mich zu mindestens zwei Tankstopps nötigte. Als Chefredakteur eines Zeitschriftenverlages hatte ich später einen PS-starken Dienst-BMW und war Muster-Autofahrer für die deutsche Automobilindustrie: Alle zwei Jahre kurbelte ich mit einem geleasten Neufahrzeug die Produktion mit an, jedes war ein wenig stärker als das vorhergehende. Mit meinem unstillbaren Hunger nach mehr sank dann die Anzahl der Tankstopps analog zum wachsenden Erfolg dieses Geschäftsmodells der Hersteller, die sich über Hunderttausende ähnlich Gesinnter freuten – es ging schließlich aufwärts für alle. Verbrauch war ein Thema, aber genauer fragten nur die nach, deren Meinung man ohnehin nicht so gern hörte.

Der letzte Wagen, den ich so fuhr, vor circa 15 Jahren, war ein bulliger SUV, mit dem ich die 500 Kilometer nächtens im Zweifel in rund vier Stunden abreißen konnte, Tank- und Pinkelpause nicht nötig. Tagsüber allerdings, speziell freitags und montags, erhöhte sich auch mit diesem Fahrzeug die Stundenzahl auf mindestens sechs, sieben bis acht waren keine Seltenheit.

Später war ich freier Journalist und hatte keine Firma mehr, die mir den Wagen zahlte. Das war der Moment, in dem ich mich erst einmal aufs Billigfliegen verlegte und mir zunächst – ehrlich gesagt – wenig Gedanken darüber machte, welche Konsequenzen es hat, wenn alle so denken. Dabei war mir die Umwelt keineswegs egal, aber wie so viele trennte ich zu Hause sorgsam den Müll anstelle aufs Fliegen UND den zusätzlichen Diesel-SUV in der Garage zu verzichten.

Aber ich empfand mich als smart und für eine Zeitschrift erfand ich sogar eine Rubrik »Drive Smarter«, in der es darum ging, Autos mit Zukunftspotenzial vorzustellen. Das erste E-Auto, das ich wirklich länger fuhr, war logischerweise ein smart e-Drive der zweiten Generation. Ich war damals peinlich berührt, als der große Autotransporter aus Stuttgart in unserer kleinen Straße die sympathische Knutschkugel auspackte – 700 Kilometer bis Hamburg auf eigener Achse wären doch etwas zu viel gewesen. In meiner Euphorie empfand ich das als Frevel, ich dachte damals: Ein paar Mal Zwischenladen, dann ist man da. Leider nein. Auch Frankfurt war mit diesem Ding nicht ansatzweise drin, an einem Wintertag des Jahres 2013 schaffte ich es einmal von Hamburg-Bahrenfeld bis Kaltenkirchen und wieder zurück – aber nur bei ausgeschalteter Heizung, Radio und nur gelegentlich betätigtem Scheibenwischer. Das sind nur rund 70 Kilometer, etwa die Reserve-Reichweite eines Benziners.

Aus dieser Zeit stammen die grausamen Witze wie jener, dass Elektroautos nur deshalb nie geklaut werden, weil sie es ohnehin nicht bis Polen schaffen. Aus dieser Zeit stammen all jene nur schwer aus der Welt zu schaffenden Vorurteile, die heute einfach nicht mehr stimmen: Selbst der Mini-Akku des neuesten Elektro-smart (Benzin-Autos gibt es bei dieser Marke gar nicht mehr) ist heute um das Doppelte gewachsen. Neuwagen mit E-Antrieb, mit denen man auf Wunsch nicht mindestens 200 Kilometer weit kommt, sind sehr selten geworden.

Ich selbst fahre nun seit fast zwei Jahren einen eher unspektakulären Kia e-Soul aus dem Hyundai-Konzern, und wenn ich mit ihm auf meiner Referenz-Strecke Hamburg–Frankfurt einmal länger als rund 6 Stunden brauche, liegt es nicht am Auto. Es ist das Modell mit dem »großen« 64-kWh-Akku, und da schafft man die 500 Kilometer mit maximal einmal Zwischenladen.

An dieser Stelle bekenne ich auch: Zu Hause haben wir zwar eine eigene Garage mit Steckdose, aber lange war ich zu faul, mir trotz behördlicher Zuschüsse eine Wallbox zu installieren, mit der ich den Kia in rund sechs Stunden von 20 auf über 80 Prozent Ladezustand hätte bringen können. Da ich nicht pendeln muss und im Schnitt nur circa 20 bis 30 Kilometer täglich fahre, reicht mir eine Akkuladung fast zwei Wochen lang – im Stadtverkehr unter Nutzung der Energierückgewinnung, auch Rekuperation genannt. Und daher habe ich den wenigen Strom, den ich in der Woche verfahre, längere Zeit einfach direkt »aus der Garagensteckdose«

entnommen … Das ging zwar prima, aber man sollte es aus verschiedenen Gründen nur im Notfall machen. Lesen Sie dazu bitte das nächste
Kapitel.

Wenn ich nun also mit vollgeladenem e-Soul nach Frankfurt losfahre,
steht die Ladeanzeige auf 100 Prozent und verspricht mir, je nach voran-
gegangener Fahrweise, rund 400 Kilometer Reichweite.

Die kann sich in der Stadt erheblich verlängern, nämlich dann, wenn
man den Rekuperationsmodus, das ist in der Praxis ein Schaltpaddel am
Lenkrad, auf Stufe 3 stellt. In diesem Fall braucht man bei gemächlicher
Fahrt fast nicht mehr zu bremsen, das macht das Auto beim Gaswegneh-
men sozusagen sanft von alleine. Bei jedem dieser Bremsvorgänge läuft
ein wenig dadurch erzeugter Strom in den Akku zurück. Bei schonender
Fahrweise in der City bedeutet das mit diesem Motor in diesem Modus
eine Reichweite von fast 500 Kilometern.

Einmal wollte ich rund zwei Wochen sehr diszipliniert aus meinem
Akku das Maximum herausholen und hatte, bereits nach kurzer Übung,
ein Gefühl dafür, möglichst wenig zu verbrauchen: Die Belohnung hierfür waren sogar echte 540-Stadt-Kilometer mit nur einer einzigen Ladung.
Das übrigens ist noch längst nicht das »Ende der Fahnenstange«: Im Jahre
2020 fuhren professionelle Testpiloten von Hyundai mit einem Serien-Au-
to des Modells Kona, das den gleichen Motor und den gleichen Akku wie
mein Kia hatte, bei einem Durchschnittstempo von circa 35 km/h mit
einer einzigen Akkuladung sagenhafte 1006 Kilometer! Dazu herrschten
allerdings »Laborbedingungen«, das bedeutet, es wurde auf einem abge-
sperrten Rundkurs einer Rennstrecke ohne Hindernisse gefahren.

Das alles zeigt, wie viel Potenzial in der Technologie von heute bereits
steckt, und es zeigt auch, dass sich auf reichweitenintensiven Strecken
fast kein nennenswerter Unterschied zu Benzin-Fahrzeugen mehr ergibt.
Außer vielleicht, dass man auf der Autobahn das gewaltige Beschleuni-
gungs- und Kraftpotenzial von Elektroautos nicht unentwegt ausnutzen
sollte. Ich jedenfalls fahre auf meiner Stammstrecke meist im Durch-
schnitt mit 120 km/h und drücke nur selten beim Beschleunigen oder
beim Überholen stärker auf die Tube. Zusätzlich habe ich oftmals jene

Fahr-Assistenten eingeschaltet, die mir einen Teil des Fahrens abnehmen: die Geschwindigkeitskontrolle, den Abstandswarner, den Brems- sowie den Spurhalte-Assistenten; all diese machen mein Fahrzeug quasi teilautonom, im Grunde muss ich beim Fahren über lange Strecken fast nicht mehr selbst ins Geschehen eingreifen. Dabei merkt das Auto übrigens, wenn ich unachtsam werde, und teilt mir dann mit, dass ich sofort wieder die Hände ans Steuer nehmen soll oder dass mein Aufmerksamkeitslevel so langsam an einen kritischen Punkt kommt. Dies ist Fahrelektronik, die es natürlich auch in der Benzin-Welt gibt – aber im Elektroauto kann man ihre Vorteile weiter ausspielen, sie sind hier besonders nützlich.

Bevor ich also unachtsam werde, bin ich froh, wenn ich dann, meist irgendwo im Harz, an einer der neuen Schnellladesäulen in der Nähe eines Rasthofes, eine Pause einlegen kann. Von Hamburg in den Harz sind es zwar nur knapp 250 Kilometer, das heißt, mein Auto ist an so einem Ladepunkt von dann etwa circa 45 Prozent in nur 20 Minuten auf über 80 Prozent nachgeladen, sodass es nicht einmal Sinn macht, mein Mountainbike auszupacken und irgendwo bei Seesen eine schöne Mittelgebirgsrunde zu drehen. Ich mache das trotzdem und so fügt es sich, dass es mich praktisch überhaupt keine Zeit kostet, den Wagen wieder auf 100 Prozent Ladezustand zu bringen, was mir bei meiner Ankunft in Frankfurt dann stets eine Restreichweite von über 100 Kilometern beschert, also auch eine echte Reserve für mögliche Umleitungen oder Notfälle.

Und wenn ich weiterfahren würde Richtung München: Um und vor Frankfurt gibt es jede Menge weiterer schneller Lademöglichkeiten, in denen ich das Spiel locker wiederholen könnte. Nur wem auf der Strecke Hamburg – München zwei je 20-minütige Ladestopps noch immer zu viel sind, der hat ein Reichweitenproblem.

Persönlich bin ich schon jetzt ein wenig traurig darüber, dass die Zeit der »First Mover«, also der ersten Generation von E-Auto-Fahrern langsam, aber sicher zu Ende geht und viel mehr Menschen wissen, wie sanft, souverän und spannend das Fahren auch über lange Strecken mit einem

E-Auto wirklich ist. Ob man sich auch dann noch mit fast jedem Mit-Lader an den großen Ladesstationen so austauscht wie bisher?

Vor einem Jahr zum Beispiel traf ich an einer Ionity-Station einen Audi-e-Tron-Fahrer mit seiner Familie, der mich fragte, wie ich mit meinem Wagen zurechtkäme. Wir kamen ins Fachsimpeln und er erzählte mir von den Vorzügen seines damals noch selten anzutreffenden, aber für mich interessanten Gefährtes. Es stellte sich heraus, dass ich einen Entwicklungschef von Audi mit seinen Kindern auf Urlaubsfahrt getroffen hatte. Auf einer anderen Fahrt parkte zufällig Rafael de Mestre an der Säule gegenüber. Er ist ein Tesla-Fahrer der ersten Stunde. Der in der Szene bekannte E-Mobilist hat mit einem Tesla-Roadster und später einem Model S jeweils einmal die Welt umrundet und ist darüber hinaus Hunderttausende Kilometer elektrisch gefahren. Als Konsequenz dieser Erfahrungen veranstaltet er inzwischen 24-Stunden-Rennen für E-Fahrzeuge. Das Gespräch mit diesem Großmeister der Reichweiten-Profis war spannend und lehrte mich abschließend: Dieses in Benziner- und Diesel-Kreisen immer noch extrem präsente Reichweiten-Thema ist keines mehr, wenn man weiß, wo die Ladesäulen stehen. Und das weiß man nach nur wenigen Monaten mit Elektroerfahrung quasi automatisch.

Ich habe anfangs sehr viele Tesla-Fahrer getroffen, eine verschworene Gemeinschaft, die an den Superchargern ihrer Marke gleichsam enger zusammengewachsen waren; wie einst Motorradfahrer auf der Strecke grüßen sie sich meistens. Ich habe aber auch viele Tesla-Umsteiger getroffen, die mal etwas anderes ausprobieren wollten, Opel-Corsa-E-Einsteiger, die sich über die plötzliche Stille beim Anfahren wunderten, oder auch VW-eUp-Abholer, denen ich auf ihrer ersten Fahrt mit ein wenig Ladesäulen-Praxis beistehen konnte.

Reichweite: Mit etwas Planung kommt man überall hin.

Mein Fazit zum Dauerthema Reichweite ist eindeutig: Spannender als mit dem E-Auto kann eine Langstreckenfahrt heutzutage kaum werden, so viele interessante Eindrücke gewinnt, so viele Persönlichkeiten und Gleichgesinnte findet man. Außerdem gibt es schon längst nicht mehr nur autobegeisterte Männer, mit denen man sich über die Vorzüge der Elektromobiliät austauschen kann. Jede Menge Fahrerinnen und natürlich Beifahrerinnen und umgekehrt trifft man heute. Und, sie dürfen es mir gerne glauben, ich habe, zumindest seit Anfang 2020, niemanden mehr getroffen, der oder die nicht rechtzeitig eine freie Ladesäule gefunden hat oder gar das Elektroauto gegen einen Benziner zurücktauschen wollte. Natürlich gibt es Fans oder Betuchte, die vielleicht noch einen Oldtimer in der Garage stehen haben, den sie bei schönem Wetter rausholen, aber nicht mehr für »lange Strecken«.

Und es gab keinen, und wenn ich sage »keinen«, meine ich es genau so, der auf dieser meiner Stamm-Langstrecke über wie auch immer geartete Reichweiten-Probleme gesprochen hätte. Das passiert nur noch an den Stammtischen, an denen man die alten Märchen wiederholt.

KAPITEL 2

WO LADE ICH MEIN AUTO AUF – WENN ICH IM VIERTEN STOCK WOHNE?

》Fährst du schon oder lädst du noch?« – Neben der berühmten – und im vorherigen Kapitel hoffentlich abschließend geklärten – »Reichweiten«-Frage im Zusammenhang mit Elektroautos wird auch die »Ladefrage« millionenfach gestellt. Die vermutete Antwort darauf sorgt nach wie vor für eine äußerst skeptische Grundstimmung gegenüber den heutigen Akku-Technologien, selbst bei den Leuten, die sich auf das vermeintliche Abenteuer erstmals einlassen.

Es gilt fast als ausgemacht, dass Probleme beim Laden auftauchen; und, so heißt es, wer nicht mindestens ein eigenes Häuschen mit Garage hat, sollte ohnehin die Finger vom Ladekabel lassen. Ähnlich lautet selbst der Unterton, der in vielen Medienberichten à la »Es geht irgendwie, aber …« mitschwingt.

Die Kurzfassung der Antwort auf diese Frage also gleich vorneweg: Mit einem Minimum an Planung stellt sich auch diese Frage nicht. So eine Planung vorausgesetzt, ist Ihr Fahrzeug so gut wie immer fahrbereit, die meiste Zeit davon ist es sogar ausreichend vollgeladen, bereit für eine längere Tour, und zwar unabhängig davon, wo Sie wohnen und wohin Sie fahren möchten.

Und das muss inzwischen auch so sein, denn die Zeit um das Jahr 2021 herum wird irgendwann einmal als das Jahr des Durchbruchs für die Elektromobilität in Deutschland angesehen werden. Trotz oder vielleicht auch wegen der Corona-Pandemie hat nicht nur die Produktion elektrifizierter Fahrzeuge stark zugenommen, auch die Zulassungsstatistik explodiert gewaltig. In diesem Jahr 2021 nähert sich die Gesamtzahl aller Elektroautos in der Bundesrepublik bereits der ersten Million an. Und: Das E auf dem Nummernschild gilt vielen inzwischen als Statussymbol.

All diese Fahrzeuge müssen irgendwo geladen werden, und zwar nicht nur einfach mit irgendwelchem Strom, sondern natürlich mit Naturstrom aus erneuerbaren Energien. Öl vermeiden, um mit Kohlestrom zu laden, ist zwar möglich, aber ökologisch sinnfrei – ich widme diesem wichtigen Thema ein eigenes Kapitel in diesem Buch.

Zurück zu den Häusle-Nutzern: Die allereinfachste Art, um ihr Elektroauto zu laden, ist für sie tatsächlich der Anschluss an die heimische Garagensteckdose; das entsprechende Kabel liegt dem neuen E-Auto in der Regel bei. Noch vor wenigen Jahren allerdings, das soll hier nicht verschwiegen werden und es wird bei dem einen oder anderen Gebrauchten noch immer der Fall sein, gab es eine Reihe konkurrierender Steckersysteme und sehr unterschiedlich aufgebaute Ladestationen, die noch dazu alle unterschiedlich zu bedienen waren, ganz zu schweigen von den Bedienungsanleitungen der Fahrzeuge, die man gar nicht erst lesen wollte – so viele Möglichkeiten, etwas falsch zu machen, taten sich da auf. Die erwähnte heimische Steckdose ist aufgrund der geringen Strommenge, die sie durchfließt, offiziell ungeeignet zum Laden – in Wahrheit war sie für mich aber lange die Möglichkeit, dem Akku stets die kleinen Strommengen nachzuladen, die ich im heimnahen Ortsverkehr verbrauche. Dabei war mir egal, wie lange das dauert, am nächsten Morgen war der Akku stets voll. Natürlich nur, wenn er nicht kurz vor »Null« stand, aber mit einem solchem Ladezustand möchte man ohnehin nicht zu Hause ankommen.

»Oh weh«, höre ich jetzt einige stöhnen, völlig zu Unrecht, denn: An beinahe jedem Parkhaus, an vielen Haupt- und Nebenstraßen, aber inzwi-

schen auch bei vielen Baumärkten, Discountern, Einkaufszentren, Kino-
parkplätzen und und und ... gibt es inzwischen Lademöglichkeiten. Mitte
2021 gab es knapp 40 000 Normal-Ladepunkte, in denen man von 20 auf
80 Prozent des Akkus in durchschnittlich fünf Stunden laden konnte, sowie rund 6000 Schnellladestationen, die den gleichen Job in 30 Minuten
schaffen – Tendenz in beiden Fällen stark steigend. Eine durchschnittli-
che Ladestation in der Stadt hat etwa zwei Ladepunkte, an den Autobahnen sind es im Schnitt bereits etwa vier.

Zum Vergleich vielleicht an dieser Stelle Zahlen für das deutsche
Tankstellennetz: Es gibt gut 14 000 Tankstellen im Land, und rund 360 an
den Autobahnen (ohne Autohöfe), die natürlich noch sehr viel mehr
Tanksäulen haben.

Schnellladestationen: Es werden von Tag zu Tag mehr.

Die Anzahl der E-Ladesäulen im Land verändert sich derzeit so rasend schnell, dass es keinen Sinn macht, dauernd nachzuzählen. Zudem gibt es sehr viele existierende Ladestationen, die Schnellladepunkte nachrüsten. So entwickelt Volkswagen zum Beispiel derzeit »Powerbänke«, die ab 2020 bis zu vier Fahrzeuge gleichzeitig schnell laden und den »grünen« Strom des eigenen Naturstromanbieters »Elli« (kurz für »Electric Life«) zwischenspeichern können. »Elli« liefert natürlich auch Strom an jeden Privathaushalt mit oder ohne E-Fahrzeug, wie fast alle anderen Stromanbieter inzwischen auch.

Als großen »Gamechanger« sieht man auch die Bündelung der Mobilitätsangebote der Autogiganten BMW und Daimler; dazu gehört der gemeinsame Lade-Service »Charge Now«, der mit seiner flächendeckenden Infrastruktur zur Mobilitätswende bis hin zum völlig emissionsfreien Fahren beitragen und es Fahrern von Elektrofahrzeugen schon bald ermöglichen soll, in über 25 Ländern einfach und einheitlich weit über 100 000 Ladepunkte zu nutzen.

In der Praxis heißt das alles: Jeder, der in der Stadt mit einer Akkuladung eines knapp 400 Kilometer weit fahrenden Autos nur 40 Kilometer täglich fährt, muss nur alle acht bis zehn Tage an die Station, und hat dann sogar noch eine Sicherheitsreserve. Wer in dieser Zeit keine freie Ladesäule findet, an der das Laden möglich ist, hat vielleicht noch andere Gründe, nicht elektrisch zu fahren, oder sollte vielleicht wirklich noch ein wenig warten mit dem Erwerb eines E-Autos.

Untersuchungen aus dem Frühjahr 2020 haben zudem ergeben, dass die Anzahl oft besetzter Ladestationen seit 2017 stetig abnimmt und die Apps vieler Anbieter, die einem genau das anzeigen, immer besser funktionieren. Bei allen großen Anbietern wird schon während der Suche nach einer App angezeigt, ob die angezeigte Ladesäule im Moment besetzt ist. Ein Ärgernis sind leider auch Benzin-Fahrzeuge, die auf der Suche nach einem Parkplatz die freien Ladesäulen zuparken – viele Städte, Gemeinden und Kommunen sanktionieren das zu Recht mit erheblichen Bußgeldern.

Fehlende Lademöglichkeiten jedenfalls gibt es heutzutage kaum noch, auch weil Ladepunkte inzwischen oft an Stellen sind, wo man sie zunächst nicht vermutet. Ihr Baumarkt hat so etwas nicht? Kann sein, dass sich das gerade ändert. Haben Sie in jüngster Zeit einmal in einer App nach dieser Frage gegoogelt? Falls nein, schauen Sie einmal unter www.bundesnetz-agentur.de nach, da finden Sie ein dichtes Netz sämtlicher registrierter Ladestationen. Auf der deutschen Landkarte gibt es nur noch sehr wenige weiße Flecken. Auch die Abrechnung an diesen Stationen stellt keine Hürde mehr dar. Fast alle wichtigen Stromanbieter im Land und einige darauf spezialisierte Firmen bieten inzwischen Lade-Kreditkarten an, die man kurz an ein Display hält, um nach einer kurzen Auswahl sofort den Ladevorgang beginnen zu können. Lassen Sie sich auch nicht vom angeblichen Stecker-Wirrwarr verwirren. Die mit Abstand meisten Fahrzeuge laden heute mit dem sogenannten Stecker-Typ-2, der zum Laden bei allen Wechselstrom-Ladepunkten (AC) geeignet ist. Fast alle modernen Autos haben zusätzlich eine Gleichstrom-Fahrzeugkupplung, die aussieht wie ein etwas dickerer Typ-2-Stecker – sie funktioniert exakt genau so. Mit diesem System fließen in der Regel zwischen 11 und 22 Kilowatt pro Stunde (kWh) in den Akku, wobei in den meisten Fällen sogar 11 kW ausreichend schnell sind – das ist schon fast fünfmal schneller als die meisten Haushaltssteckdosen, die 2,3 kW schaffen. Die Ladetarife hierfür sind zumeist moderat – fast immer günstiger als jedes Benzin.

Gleichstromladen (DC) ist etwas teurer, da in viel, teilweise sehr viel kürzerer Zeit mehr Strom in den Akku gebracht werden kann. Dessen Kapazität von 20 Prozent auf circa 80 Prozent zu bringen, dauert dann nur noch wenige Minuten. Nur die letzten 20 Prozent brauchen etwas länger, weil ein elektronisches Batteriemanagementsystem eingreift, um den Akku möglichst schonend zu füllen, was seine Lebensdauer entscheidend verlängert.

Schnellladesäulen gibt es ab 40 kW, richtig schnell wird es ab 80 oder gar 120 kW, die modernsten Säulen schaffen sogar 320 oder gar 350 kW oder mehr. Hierfür muss aber auch das Ladesystem des Fahrzeugs geeignet sein, was zum Beispiel bei einem teuren 800-Volt-Ladesystem von Porsche, Audi oder seit Kurzem auch bei einigen Hyundais der Fall ist.

Ganz-Schnellladen gibt es in den Innenstädten noch relativ selten, aber an den Autobahnen überbieten sich mehrere konkurrierende Anbieter mit meist komfortablen Stationen, fast immer in der Nähe von Rastplätzen und Autohöfen. Sie heißen Allego, Fastned, EnBW oder Ionity, wobei letztgenannte Firma von mehreren Automobilfirmen zusammen gegründet wurde, darunter BMW, Daimler, Ford, Audi und Porsche, später stieß noch der Hyundai-Konzern dazu. Der Strom an den Ionity-Stationen, an denen vor allem Vielfahrer sehr schnell laden können, ist oft teurer als der an den Ladepunkten der Innenstädte oder von anderen Anbietern, dafür bieten sie viel Komfort. Mir ist es bisher auch noch nie passiert, dass in einem Ladepark dieses Anbieters keine Station frei war. Das Erlebnis dort ist inzwischen auch mit dem an einer Autobahn-Tankstelle zu vergleichen – mitunter gibt es sogar vernünftige Gastronomie in der Nähe, sanitäre Anlagen immer. Ich nutze diese Stationen gelegentlich auch, um den Wagen kurz vor der Ankunft zu Hause schnell wieder vollzuladen, um für eine eventuelle Langstrecke gleich am nächsten Tag gerüstet zu sein.

Ein weiterer Stecker-Typ, der vor allem in vielen japanischen Autos für die Gleichstrom-Schnellladung zuständig ist, heißt CHAdeMO; vor allem Modelle von Toyota, Nissan, Mitsubishi und Subaru verfügen über ihn. Viele Ladepunkte in Deutschland können damit umgehen – aber nicht alle. Wer ein Auto mit diesem Stecker-Typ fährt, muss vielleicht etwas öfter in »seine« App schauen, echte Nachteile entstehen mit ein wenig Planung aber nicht.

Es gibt weitere, ältere Steckersysteme (z. B. Schuko oder Typ 1), die aber heute nur noch in Gebraucht- oder Spezialfahrzeugen vorkommen, die immer an der gleichen Station geladen werden.

Wer heute ein Fahrzeug der Marke Tesla fährt, kann natürlich an allen eben erwähnten Ladepunkten Strom nachladen, zusätzlich hat die Firma jedoch früh in weiser Voraussicht ein eigenes Netz von sogenannten »Superchargern« errichtet – in Europa und dem Nahen Osten waren das Mitte 2021 2500 Stationen mit 25 000 Ladesäulen. Die Besonderheit dabei: Der Stecker aus der Ladesäule wird eingesteckt, die Ladesäule erkennt das individuelle Fahrzeug, lädt es und rechnet entsprechend ab. Frühe Tesla-Fahrer erwarben mit ihrem Wagen sogar kostenlos Fahrstrom für die Lebensdauer ihres Autos – diese Zeiten sind jedoch seit 2017 vorbei. Zum Zeitpunkt der Drucklegung dieses Buches war der Supercharger-Strom noch deutlich preiswerter als an vielen Stationen der neueren Anbieter, es darf jedoch nicht verschwiegen werden, dass an Supercharger-Stationen etwas häufiger als anderswo Stau herrscht und dass das auch der Grund dafür ist, dass an stark frequentierten Supercharger-Stationen die Ladekapazität auf 80 Prozent beschränkt ist. Ab diesem Wert dauert das Laden aufgrund des Batteriemanagements bekanntlich länger, aber Tesla garantiert, dass man auch mit diesen 80 Prozent jederzeit den nächstgelegenen Supercharger erreichen kann. Umgekehrt versuchen viele Regierungen seit Jahren, Tesla-Chef Elon Musk dazu zu bringen, seine Supercharger auch dem Rest der E-Community zur Verfügung zu stellen, doch selbst wenn er sein Okay dazu gäbe, müssten die Säulen umgerüstet werden, damit sie die Fremdfahrzeuge auch erkennen.

Sehr komfortabel: Die Tesla-Supercharger.

Ganz entscheidend ist tatsächlich: Das Geschäft mit den Ladepunkten und dem erforderlichen Naturstrom für Elektroautos ist ein gewaltiges! Hersteller, Stromanbieter, Lobbyisten und Politik ziehen an ähnlichen, wenn auch nicht immer den gleichen Strippen. Dass sich die individuelle Mobilität wandelt, haben inzwischen alle begriffen, und dass eine funktionierende Ladeinfrastruktur für Elektroautos unabdingbar ist, ebenfalls. Selbst skeptische Stimmen wissen, dass dieser Wandel unumkehrbar ist und dass elektrifizierte Automobile längst eine vernünftige Alternative zu den Benzinern und Dieselmotoren darstellen, denen man im Übrigen schon lange nicht mehr abnimmt, dass ihre Weiterentwicklung ernsthaft zu einem geringeren CO_2-Ausstoß beitragen kann. Insofern gehen die horrenden Strafsummen, die einige verantwortliche Manager für Schummel-Software an Millionen Diesel- oder Benzinautos in den letzten Jahrzehnten zahlen müssen, in Ordnung.

Wer sehr viel ins europäische Ausland fährt, sollte sich vorher kurz informieren, wie es um den Ausbau der örtlichen Ladeinfrastrukur steht. Skandinavische Länder, speziell Norwegen, sind ebenso hochentwickelt wie zum Beispiel die Niederlande, Frankreich oder auch Österreich und die Schweiz. Kroatien, Spanien und Italien sind hingegen diesbezüglich noch Entwicklungsländer. Wer es trotzdem wagt, mit seinem E-Auto dorthin zu fahren, vor allem in ländliche Gebiete abseits der Fernstraßen, deren Ausbau mit Ladestationen gerade vorangetrieben wird, kann das auch tun, sollte sich jedoch eine mobile Ladestation zulegen, die mit den meisten örtlichen Stromnetzen kompatibel ist.

Neben der Ladeinfrastruktur werden auch die Batterien selbst weiterentwickelt. Sie werden künftig kleiner und leichter sein und eine wesentlich höhere Energiedichte haben als heute. Analog dazu werden die Ladepunkte im öffentlichen Raum mit jedem Tag mehr. Die so oft zitierte Reichweitenangst als Hindernis wird man bald komplett abhaken können, das vielzitierte Stromkarten-Wirrwarr mit ein wenig Augenmaß ebenso; und Steckerstandards und Bezahlsysteme sind auf dem Weg der Vereinheitlichung, denn nur so ist eine breite Basis an Autofahrerinnen und Autofahrern für das neue Zeitalter zu begeistern.

»Always Charged« (»immer geladen«) ist zum Beispiel das Motto des Stromanbieters EnBW, der dafür gesorgt hat, dass nur noch nach einem einzigen Tarif an über 25 000 Ladestationen abgerechnet werden kann, und für den entscheidend ist, dass nach Ausnutzung der technischen Möglichkeiten jeder Kunde immer so viel Strom zur Verfügung hat, wie er gerade braucht. Für das Laden selbst spielt es keine Rolle, an welchen Stromanbeiter man vertraglich gebunden ist. Denn zum Beispiel akzeptiert eine EnBW-eigene Ladesäule auch die Ladekarten der Konkurrenz oder eines Ladenetzwerks wie zum Beispiel »Plugsurfing« oder »newmotion«. Diese Ladenetzwerke geben für einen geringen Betrag Kundenkarten aus, mit denen man überall laden kann – an manchen Ladesäulen dann vielleicht etwas teurer. Die Abrechnung erhält man dann mit genauer Aufschlüsselung, wo man wie viel geladen hat, einmal im Monat.

Wer fast ausschließlich lokal unterwegs ist, könnte auf einen Anbieter zurückgreifen, der nur über wenige Ladepunkte in seiner Umgebung verfügt, aber die Zukunft ist das nicht. Der Wettbewerb der Ladestrom-Anbieter ergibt sich künftig aus der Qualität ihrer Apps, dem Service, der Kundenfreundlichkeit, der übersichtlichen Preisstruktur oder vielleicht auch eines interessanten Zusatzangebotes. EnBW zum Beispiel hat einen Fahrsimulator auf der App, mit dem man Touren vorprogrammieren, Ladestationen finden, per App durchkalkulieren und bezahlen kann. Da könnte dann zum Beispiel herauskommen, dass selbst ein Fahrzeug mit etwas geringerer Akkukapazität schon viel alltagstauglicher ist, als potenzielle Nutzer das heute vermuten würden.

Zum Abschluss dieses Kapitels noch ein kleiner Life-Hack zum Thema Laden, mit der Antwort auf eine viel gestellte und selten beantwortete praktische Frage. Stellen Sie sich vor, Sie fahren mit Ihrem Elektroauto aufs Land zu Freunden – Ladepunkte sind dort ausnahmsweise tatsächlich Mangelware. Eine Steckdose ist nicht weit, allerdings nicht nah genug, um das Auto direkt anzuschließen. Können Sie jetzt einfach eine 50-Meter-Kabeltrommel benutzen, um nachzuladen? Die Bedienungsanleitung Ihres Autos sagt vorsichtshalber Nein, ein Internetforum warnt vor einem Magnetfeld durch die Wicklungen auf der Trommel – aber stimmt das auch?

Zunächst ein klein wenig Physik aus dem vergessenen Schulunterricht: In einer Kabeltrommel entsteht natürlich kein Magnetfeld, da die Leitungen so gewickelt sind, dass sich die Induktivität durch sogenannte gegenläufige Ströme aufhebt. Warm allerdings wird es bei angeschlossenem Kabel trotzdem, denn überall dort, wo Strom fließt, entsteht Hitze – je stärker der Strom, desto heißer. Auf einer Kabeltrommel können theoretisch die inneren Kabelstränge die Abwärme nicht mehr an die Luft abgeben. Da macht es Sinn, das Kabel der Trommel vor Gebrauch komplett abzuwickeln. Sollte dieses Kabel jetzt immer noch zu heiß werden, schaltet sich bei einer qualitativ hochwertigen Kabeltrommel der gleiche Mechanismus ein, der auch dem Stromkabel, das dem Auto beiliegt, innewohnt: Ein in der Trommel eingebauter Thermoschalter, also ein Überhitzungsschutz, unterbricht in diesem Fall ganz einfach die Verbindung. Billige Verlängerungskabel ohne Trommel haben solche Thermoschalter in der Regel nicht. Davon also ist dringend abzuraten.

Aber dazu kommt es vermutlich ebenso selten, wie Sie in den vergangenen Benzin-Jahren einen 5-Liter-Reservekanister verwendet haben. – Was uns zum Thema Plug-in-Hybrid-Fahrzeug bringt.

KAPITEL 3

WÄRE NICHT EIN HYBRID-AUTO SCHLAU FÜR MICH?

Die Statistiken in Bezug auf die geplante Nutzung von Elektroautos in Deutschland sind eindeutig: Maximal ein Viertel der Bundesbürgerinnen und Bundesbürger ziehen in Erwägung, in den nächsten Jahren ein Elektroauto zu erwerben, vor allem aus Gründen der Umweltfreundlichkeit. Auch wenn das viele sind: Die überwältigende Mehrheit hat Angst, nicht weit genug zu kommen oder beim Laden Probleme zu bekommen.

Wie gering diese Probleme tatsächlich heute sind, habe ich in den letzten beiden Kapiteln erklärt und hoffe, damit auch den Menschen den Wind aus den Segeln genommen zu haben, die sich für ein sogenanntes Plug-in-Hybrid-Fahrzeug interessieren. Stolze 36 Prozent der Deutschen nämlich können sich genau diese Art der elektrischen Fortbewegung gut vorstellen – meidet sie doch genau die vermeintlichen Probleme bei der Reichweite und beim Laden und wird noch dazu von der Regierung mit gutem Geld gefördert.

Ob das alles stimmt und so okay ist, möchte ich hier erörtern und sage gleich zu Beginn, dass ich diese Art der Fortbewegung für Augenwischerei halte, die Förderung für ungerechtfertigt und dass ich die Plug-in-Fahrzeuge noch nicht einmal als Zwischenlösung bis zur weiteren Reife rein elektrischer Fortbewegung für geeignet finde.

Was genau ist ein Plug-in-Hybrid-Fahrzeug? Ohne zu tief in die technischen Details gehen zu wollen: Ein Hybrid-Fahrzeug (zunächst einmal ohne »Plug-in«) hat, wie der Name andeutet (griech. »Vermischtes«), immer zwei Motoren: einen herkömmlichen Benziner oder Diesel und zusätzlich einen meist kleineren Elektromotor, der unterstützend vor allem auf kurzen und städtischen Strecken eingreift und den Gesamtverbrauch senken kann. Vor allem der japanische Hersteller Toyota hat es in dieser Disziplin sehr weit gebracht, dort blickt man auf eine inzwischen über 20-jährige Erfahrung mit diesen Autos zurück. Jahre, bevor in den USA Tesla auf den Plan trat, schmückten sich umweltbewusste Hollywoodstars mit dem Toyota Prius, der zwar etwas merkwürdig aussah, aber dennoch eine neue Ära automobilen Bewusstseins einläutete: die zumindest teilweise Elektromobilität.

Doppeltes Gewicht: Benziner plus E-Motor und Akku.

Beim Prius und vielen seiner Artgenossen wird durch den Benzinmotor ein kleiner Akku aufgeladen, der in der Stadt den Benziner dann teilweise überflüssig macht und den Gesamtverbrauch leicht senkt. Ein interessan-

ter Ansatz und eine wunderbare Fingerübung im Umgang mit Elektromotoren, die Autos antreiben, aber: Erstens schleppt man immer noch
einen fetten, fossilen Verbrenner mit sich herum und zweitens verbrennt
man noch immer alte Fossilien wie Erdöl, wobei der CO_2-Ausstoß zwar
unter dem des reinen Benzinmotors liegt, aber immer noch relativ hoch
ist. Kein einziges Hybrid-Fahrzeug ist also wirklich umweltfreundlich, erst
recht nicht, wenn man einmal die komplette Wertschöpfungskette eines
solchen Fahrzeugs betrachtet.

Was lag nun näher, als irgendwann den Akku eines solchen Fahrzeugs
etwas zu vergrößern und es zu ermöglichen, dass die Energie dieses Akkus
nicht wieder fossil erzeugt wird, sondern regenerativ? Plug-in-Hybride heißen diese Zwitter-Fahrzeuge, und neben Toyota gibt es sie inzwischen in
verschiedensten Ausprägungen bei fast allen Herstellern. Die Idee dahin-
ter: Der Akku wird an einer Ladestation oder der heimischen Garage aufgeladen, selbstverständlich mit Naturstrom aus Sonne, Wasser und Wind.
Und weil das so schön umweltfreundlich ist, hat sich in einigen Ländern,
speziell in Deutschland, die Politik bereit erklärt, dieses Gebaren als um-
welt-, letztlich aber herstellerfreundlich anzuerkennen und mit teilweise
hohen Geldbeträgen zu fördern.

Nur wenig Naturstrom: Plug-in-Hybrid-Fahrzeug.

Kein Kfz-Hersteller kann deswegen heute ohne diese Fahrzeuge leben und natürlich werden sie mit ihrer hohen Reichweite, ihrem angeblich geringeren Verbrauch und ihrem (dank Förderung) günstigen Preis beworben. Ich selbst hatte vieles über diese Fahrzeuge gelesen und im Bekanntenkreis durchaus Positives darüber gehört, und so wollte ich wissen, ob es bei diesen Universalgenies irgendwo einen Haken gibt. Für das Elektroautomagazin *arrive* konnte ich viele Autos fahren: Vollelektrische, Hybride, Plug-in-Hybride und einige mehr. Aber es macht einen Unterschied, ob man ein Auto nur für ein paar Stunden fährt oder für ein paar Wochen. Das erste rein elektrische Fahrzeug, das ich im langfristigen Real-Betrieb fuhr, war ein Kia e-Soul, der sich trotz seines gewöhnungsbedürftigen Aussehens für mich als Offenbarung erwies: fast 500 Kilometer Reichweite, leise, modern, ich war begeistert. Nur wollte ich in dem Jahr, in dem ich diesen Wagen fuhr, auf einer Urlaubsfahrt die E-Bikes mitnehmen und die anhängerkupplungstaugliche Version des e-Soul war damals noch nicht lieferbar (heute ist sie es, erlaubt ist sie nur für Fahrräder, nicht für echte Anhänger). Da haben mir die freundlichen Leute von Kia einen Niro-Plug-in-Hybrid zur Verfügung gestellt, mitsamt Anhängerkupplung, 50 Kilometer elektrische Reichweite, insgesamt über 1000 Kilometer Reichweite – eine gute Gelegenheit, diese Fahrzeuggattung einmal praktisch und ausgiebig zu erproben.

Gut 2500 Kilometer später steht fest: Ein Plug-in-Hybrid ist ein vollwertiges Auto, das hervorragend fährt, top ausgestattet ist und nicht einmal viel verbraucht – aber in Wahrheit ist es eine Mogelpackung. 1,3 Liter Kraftstoffverbrauch auf 100 Kilometer stehen im Prospekt. Wer diesen Wert auch nur annähernd erreicht, hat sich die paar Tausend Euro Förderprämie des Bundes redlich verdient! Es klappt nämlich beim besten Willen nicht, übrigens nicht einmal dann, wenn man versucht, den Wagen ausschließlich elektrisch zu fahren, weil man, sagen wir, täglich 30 bis 50 Kilometer in der Stadt unterwegs ist und dann den Wagen zu Hause am Bio-Strom oder an der Ladestation auflädt. Solche Verbrauchswerte sind immer nur theoretisch oder alleinige Prüfstandergebnisse. Nie würde ich Autoherstellern hier tatsächlich Schummelei unterstellen, das haben sie nach den Dieselskandalen hoffentlich hinter sich.

Ein Plug-in-Hybrid ist also zunächst ein nomales Benzinauto, das in der Praxis täglich, besser mehrmals täglich, zum Laden muss. Und das klappt natürlich nur, wenn man zu Hause UND am Arbeitsplatz eine Steckdose in Reichweite hat. Sich unterwegs ständig freie Ladesäulen zu suchen, ist wie berichtet möglich, aber nicht praktikabel. An echtes Schnellladen ist hier in der Regel auch nicht zu denken, selbst der Saft für die 50 bis 80 Kilometer braucht hier eine, manchmal drei Stunden Ladezeit.

Manchmal reicht diese Zeit nicht, manchmal denkt man einfach nicht daran, manchmal regnet es und manchmal ist es so kalt, dass man keine Lust hat, sich schon wieder die Hände abzufrieren. In meinem Testfall war zudem das mitgelieferte Kabel zur Garagen-Steckdose einen Meter kürzer als das des rein elektrischen Wagens. – Das habe ich irgendwie als Aufforderung verstanden: Nicht schon wieder laden …

Mit einem komischen Gefühl bin ich also manchmal losgefahren, wissend, dass der selbst geladene Saft nicht ganz über den Tag reicht, aber egal, es ist ja noch Sprit drin. Auch die Frage, was eigentlich so ein Benzinmotor wiegt, den ich ja immer, auch bei leerem Auto, mitschleppen muss und der den Stromverbrauch hochtreibt, habe ich bedacht. So viel wie zwei, drei Passagiere mindestens. Aber so oft es ging, habe ich eingestöpselt, ehrlich.

Ehrlich war auch ein befreundeter Arzt, der täglich mit seinem Mercedes Plug-in-Kombi in die Klinik fährt. Umweltbewusst, natürlich, aber: »Ich habe mir kein reines E-Auto gekauft, weil ich mit der Familie zweimal im Jahr von Hamburg nach Österreich fahre.« Aha, für 4000 Kilometer Spritfahrt schleppt er also die restlichen, sagen wir 18 000 Jahres-Kilometer seinen fetten Benziner-Motor durch die Gegend. »Und wie oft lädst du deinen Wagen auf?« Verschämte Antwort: »Im Jahr etwa viermal, viel zu wenig, ich nutze das leider gar nicht richtig.« Zum Glück hat er beim Kauf noch keinen Euro Zuschuss bekommen, da gab es das noch nicht.

Wegen der möglichen hohen Reichweite und der gesetzlichen Einstufung als subventionsfähige Elektroautos mit dem statusfördernden »E« im Kennzeichen verkaufen sich die Plug-in-Hybride ausgezeichnet. Aber fast alle Besitzer verhalten sich meistens wie der umweltbewusste Doktor: Sie laden nicht genug. Der Grünen-Politiker Cem Özdemir kommentierte das Ende 2020 recht klar: »Die fahren nur mit dem Verbrenner und die E-Power nutzen sie für den schnellen Ampelstart. Das ist staatlich subventionierter Klimabetrug.«

Ein weiteres Problem: Man kann mit den meisten dieser Fahrzeuge nicht einmal selbstbestimmt im Elektromodus fahren: Erst ein paar Minuten nach dem Kaltstart schaltet sich der automatisch brummende Verbrennungsmotor wieder ab, was nichts anderes bedeutet, als dass die Benzinuhr auch dann runterzählt, wenn man elektrisch fährt. Nur bei einigen wenigen sehr modernen Vertretern dieser Gattung Auto ist das anders, aber auch deren theoretische 60 bis 80 E-Kilometer sind noch immer ein Witz, ebenso wie die 100 möglichen E-Kilometer der rund zwei Tonnen schweren neuen Plug-in-Hybrid-S-Klasse von Daimler. Legendär sind auch seit Langem die Storys von Politiker-Chauffeuren, die nicht wissen, wie und wo man Ladekabel anstöpselt, doppelt unfair die Medienberichte, die hier Verbrauchswerte vergleichen: Fast kein Politikerautos stößt lokal 0-Prozent-Emissionen aus, zum Zeitpunkt der Drucklegung dieses Buches war es allein die Bundesumweltministerin, die ein reines Elektroauto fuhr.

Sollte man es vielleicht wie die Chinesen machen? Auch dort erhalten Autofahrer Zuschüsse für Plug-in-Hybride, aber wer die nicht oft genug nachlädt, bekommt die Subvention wieder gestrichen. In einem Überwachungsstaat wie China melden die Apps ganz genau, wer wo lädt und wann Sprit verbraucht. – Nein, das wollen wir auch nicht.

Zurück zu meinem Plug-in-Versuch: Die Reise mit den E-Bikes hinten drauf war ein voller Erfolg. Der Plug-in-Hybrid war ein sehr gutes Auto, jedoch bin ich von den 600 Kilometern Fahrstrecke pro Weg nur insgesamt 40 elektrisch gefahren, für den Rest habe ich bei flotter Fahrt mit Gepäck und zwei Rädern rund 6 Liter Benzin auf 100 Kilometer verbraucht. Und in den Wochen danach, im kühler werdenden Herbst, bei täglichem Laden und circa 20 Kilometern vorsichtiger Stadtfahrt dann nur noch knapp 4 Liter, plus Strom, wohlgemerkt. Aber den versprochenen 1,3 Liter-Verbrauch? Nein, den gab es nicht.

Niemand soll jetzt denken, ich würde hier ein spezielles Auto schlechtmachen wollen – das hier Gesagte gilt für die gesamte Palette angebotener Plug-in-Hybride. Am Ende sind das nicht die Autos für ein gutes Gewissen, sondern für das genaue Gegenteil. Ich habe mich jedenfalls beinahe wie ein Betrüger gefühlt und wenn ich für dieses Fahrzeug auch noch eine Umweltprämie erhalten hätte, hätte sich dieses ungute Gefühl noch verstärkt. Zum Glück für die Hersteller denken die wenigsten Autofahrerinnen und Autofahrer so.

Für deutlich ehrlicher halte ich da die »echten« Hybrid-Autos, wie den alten Prius und seine Nachfolger bei Toyota und anderswo, die man gar nicht erst einstöpseln kann. Weit verbreitet sind derzeit die sogenannten »Mild-Hybrid«-Autos, die zur Anfahrtunterstüzung einen kleinen 48-Volt-Startermotor haben. Auch sie sind aufrichtiger als die »Plug-ins«. Für sie gibt es konsequenterweise ebenfalls keine Subventionen.

Der vernichtendste Nachteil der Plug-in-Hybride und Hybrid-Autos überhaupt ist allerdings der, dass ihre Produktion in die völlig falsche Richtung führt: nicht etwa zukunftsgewandt hin zu neuen Antrieben, sondern direkt weg von ihnen, in eine Sackgasse. Tesla, Anbieter reiner Elektroautos hatte im Jahre 2008 einmal kurz über das Hybrid-Prinzip nachgedacht, es dann aber schnell wieder verworfen. J.B. Straubel, der frühere Vertraute des Tesla-Chefs, sagt in der bekannten Elon-Musk-Biografie von Ashlee Vance: »Es wäre teuer geworden und die Leistung wäre nicht so gut gewesen wie bei einem rein elektrischen Auto. Und wir hätten ein Team aufbauen müssen, das gegen die Kernkompetenz jedes alten Autounternehmens der Welt hätte antreten müssen. Außerdem hätten wir gegen alles gewettet, woran wir glaubten, nämlich Verbesserungen bei Leistungselektronik und Batterien. Wir beschlossen, alle unsere Bemühungen auf das auszurichten, was wir für den Endpunkt hielten, und nicht nach hinten zu blicken.«

Für mich persönlich ist klar: Einen Plug-in-Hybrid werde ich mir nie im Leben freiwillig zulegen.

KAPITEL 4

SEIT WANN GIBT ES EIGENTLICH ELEKTROAUTOS?

Von Walter Röhrl, dem bedeutendsten deutschen Rallyfahrer, findet man auf YouTube folgendes Zitat: »Ich werde nie sagen, dass Elektroautos was Tolles sind. Ich sage: Die Zukunft wird in der Stadt sein, dass man Elektroauto fährt, aber für das, was ich unter Autofahren verstehe, also dass ich ins Auto steige und jetzt 800 Kilometer irgendwohin fahre – wird das Elektroauto nie eine Lösung sein. Außerdem ist es umweltpolitisch eine Katastrophe.« Und dann wettert er munter weiter: »Mit der Einführung von Elektroautos hat man kein Problem mehr mit einer Geschwindigkeitsbegrenzung, sondern man hat automatisch Schrittgeschwindigkeit eingeführt« und kommt zu jenem oft geklickten vernichtenden Fazit, das auch ich Ihnen hier nicht vorenthalten möchte: »Ich brauch den Schrott nicht. Wenn ich mit einem Tesla fahre und nach 6 Kilometern macht es BING, System überhitzt, da kriege ich einen Schreikrampf. Das ist eine Demontage des Autos.«

Wer jemals, wie ich, mit Walter Röhrl in einem klassischen, serienmäßigen Porsche 911 Turbo mit Allradantrieb und normalen Winterreifen saß und miterlebt hat, wie dieses virtuose Lenkrad-Genie über den abgesteckten Kurs auf einem zugefrorenen nordschwedischen See driftet, weiß, dass man Autos auch von dieser Seite her verstehen kann: Nur mit kurzen Gasstößen befeuert, flog der Wagen gleichsam über die Piste – jeder Bremsversuch hätte ihn sofort in die Schneewehen befördert.

Sie ahnen, auf was ich hinaus will: Zum einen macht es heutzutage bei keinem Elektroauto mehr nach sechs Kilometern »Bing«, selbst dann nicht, wenn man sie so zu Höchstleistungen fordert wie die brummige Rallylegende Röhrl, zum anderen hat die Firma Porsche mit ihrem Elektromodell Taycan S ein Fahrzeug auf die Beine gestellt, das sich die Hochachtung des Meisters inzwischen längst verdient hat und das in vielen Belangen dem klassischen »911er« Paroli bieten kann. Hochachtung vor Röhrl, aber die Zeiten ändern sich trotzdem.

Es ist ja auch eine emotionale Leistung, wenn man sich stufenweise von einer Technologie verabschieden muss, die in den letzten 100 Jahren den Globus dominiert hat: Ohne den Forscherdrang, die Innovationslust und den Pioniergeist vieler vor allem deutscher Ingenieure wäre der Benzin- beziehungsweise der Dieselmotor nie zu solcher Blüte gelangt. Autos für die Massen, Traumautos für einige wenige, Sportautos mit Hunderten von PS und Details, die Mechanik-Verliebten Tränen in die Augen treiben. Nicht zu vergessen die Heerscharen von Ingenieuren, die in den Entwicklungsabteilungen der Hersteller weltweit auf neue Aufträge zur weiteren Optimierung ihrer Produkte warten. Viele dieser Aufträge werden nicht mehr kommen …

Was kaum einer weiß: Der Elektroantrieb ist älter als das Auto selbst. Warum nur ließ er sich 100 Jahre lang vom Benzinmotor austricksen, um erst jetzt – hoffentlich bald – als Massenprodukt fröhliche Wiederauferstehung zu feiern?

Als vor gut 100 Jahren Carl Benz den ersten Verbrennermotor, der ein Automobil antreiben sollte, konstruiert hatte – eine nicht ganz unkomplizierte Maschine, die in Zylindern ein Gemisch von Kraftstoff und Luft verbrennt und dadurch Kolben antreibt, über deren Auf- und Ab-Bewegung schließlich eine Kurbelwelle zum Rotieren gebracht wird –, kam ein Wettbewerb in Gang, der in der Industriegeschichte der Technik seinesgleichen sucht. Generationen von Maschinenbauern und Motorkonstrukteuren aller Herren Länder überboten sich alle paar Tage mit neuen Leistungen dieses Motortyps, ersannen Mehrzylinder, Selbstzünder, Turbolader und Kompressoren, verwendeten Messing, Stahl, Alu und immer leichter werdende Legierungen, bauten Vergaser und Einspritzer und verdichteten immer stärker, Steuerelektronik tat ein Übriges. Heute sind wir beinahe mühelos in der Lage, mehrere hundert PS in einem relativ kleinen Stahl-, Alu- Magnesium- oder Sonstwie-Block unterzubringen, um damit ein handelsübliches Auto in Leistungs-Sphären zu katapultieren, die vor 20 Jahren im Reich der Science-Fiction angesiedelt waren und, wenn wir ehrlich sind, auf den meisten unserer inzwischen damit hoffnungslos überfüllten Straßen nicht einmal mehr Sinn machen. Tausende Ingenieure bauen heute alles, was die Marketing-Strategen ihrer Arbeitgeber den Kundinnen und Kunden schmackhaft machen können – fast alle Auto-Modelle gibt es inzwischen in vielen unterschiedlichen Motorisierungen vom längst nicht mehr schwächlichen Basismodell bis hin zum rennstreckentauglichen Supersprinter, zahlreiche Spezialversionen findiger Tuner nicht einmal mitgerechnet. Die notwendige Getriebeübersetzung schafft zusätzlichen Konstruktionsbedarf, selbst eine 9-Gang-Automatik ist heute keine Seltenheit mehr. All das sind, man kann es nicht anders sagen, große Meisterwerke der Ingenieurskunst, wobei das Wort »Kunst« hier wörtlich gemeint ist und von »Können« kommt. Und jetzt der Schock:

All das wäre eigentlich nicht nötig gewesen! Denn schon rund 100 Jahre vor dem Verbrennungsmotor, kurz nach der Nutzbarmachung der Elektrizität, wurde der erste Elektromotor erfunden. Er bestand aus nichts anderem als ein paar Spulen, die um einen auf einer Achse gelagerten Rotor angeordnet waren, der sich, wenn man Spannung anlegte, zu drehen begann. Und das geschah ohne den Lärm, der bei einer Verbrennung entsteht, ohne Abgase und obendrein noch sehr direkt. Verbrennungsmotoren setzen auch heute noch nur ungefähr ein Viertel der aufgewandten Energie in Vortrieb um, Elektromotoren fast alles. Dazu kommt: Ein Elektromotor muss weder warmlaufen noch auf eine bestimmte Drehzahl kommen, bevor er Leistung abgibt. Sein Drehmoment steht sofort zur Verfügung, und zwar dort, wo man ihn gezielt einsetzt. Das kann zum Beispiel direkt über der Achse oder auf dem anzutreibenden Rad sein. Das ist leicht zu bewerkstelligen, da so ein Elektromotor wesentlich kleiner und leichter ist als jeder Benziner oder Diesel und weniger Zusatzaggregate hat, was die Unterbringung im Fahrzeug ebenfalls erleichtert.

Seit vielen Jahren weiß man, mit welcher Elektromotor-Konstruktion welche spezifischen Leistungen zu erzielen sind. Ein führender Ingenieur von BMW bestätigte mir unlängst, dass der E-Motor »beinahe auskonstruiert« sei, aufgrund des deutlich geringeren Anteils an Verschleißteilen sei er auch haltbarer und wartungsärmer. Es sei eindeutig: »Ein Autobauer, der ausschließlich auf Elektromobilität setzen würde, bräuchte wesentlich weniger Ingenieure und Konstrukteure.« Die Designer seien dann freier in ihren Entscheidungen, denn es brauche dann zum Beispiel keinen Mitteltunnel mehr, in dem beispielsweise Wellen zur Kraftübertragung untergebracht sind, keinen eigenen Motorraum, keine Abgasanlage und kein sperriges Getriebe mehr – die Karosserieform müsste nicht mehr der Funktion der Aggregate folgen.

Lange Tradition: Elektroautos sind nichts Neues.

Die alte Devise »schneller, leichter, weiter« gilt nur noch für das »weiter«
– und das betrifft nicht den Motor selbst, sondern nur die Energiequelle,
die ihn antreibt. Die Geschichte des Automobils zeigt, wie früh sich Konstrukteure mit Antrieben beschäftigt haben, die heute als alternativ gelten.
Die Reichweitendiskussion übrigens war schon damals nicht zielführend.
Elektrische, oder auch Dampf- und Wasserantriebe sind mitnichten neue
Alternativen zum Verbrennungsmotor – es gab sie lange vor den Erfindungen von Benz und Diesel. Schon 1796 baute der Franzose Nicholas Cug-
not einen mit Dampf betriebenen Lastenschlepper, um 1835 entwickelte
der Schotte Robert Anderson in Aberdeen das erste Elektrofahrzeug. Die
industrielle Revolution wurde zur Spielwiese für viele Entwickler von
Fahrmaschinen. Einige davon auf Schienennetzen, andere mit pompösen
Elektromagneten, wieder andere sahen aus wie Fahrräder beziehungsweise Dreiräder, zum Beispiel das Tricycle des Gustave Trouvé, das 1881 mit
Blei-Akkus knapp 20 Kilometer weit kam – bei einer Höchstgeschwindigkeit von 12 km/h. Deutlich schneller war der belgische Rennfahrer Ca-
mille Jenatzky, der als erster Mensch überhaupt mit einem Landfahrzeug
einen Rekord einfuhr: Sein pittoreskes, torpedoförmiges »La Jamais Cont-
ente« schaffte im April 1899 echte 105,88 km/h – voll elektrisch. In vielen
Quellen wird das Elektroauto der Coburger Maschinenfabrik A. Flocken
von 1888 als der erste Elektro-Personenkraftwagen der Welt bezeichnet
– ganz genau ist das nicht mehr zu belegen, da weltweit viele Tüftler am
Start waren. In den USA gab es um die Wende ins 20. Jahrhundert mindestens 20 namhafte Hersteller von Elektroautos und Ideen für Netzwer-
ke, die es ermöglichen sollten, die Fahrzeuge an gemeinsam genutzten
Stationen zu laden und zu warten, da man davon ausging, dass diese Tä-
tigkeiten viel zu komplex für die privaten Autobesitzer wären. Elon Musks
Tesla-Konzepte also sind keineswegs wirklich neu.

Um 1900 herum waren in den USA rund 40 Prozent aller Automobile
Dampfwagen, 38 Prozent Elektrowagen und erst das letzte Fünftel Ben-
ziner. Im Jahre 1912 waren von 356 000 in den USA zugelassenen Auto-
mobilen fast 10 Prozent elektrisch – über 33 000 Stück. Auch damalige
Autogiganten wie Ford oder Baker waren dick im E-Geschäft, die Firma
Studebaker, früh für Traumautos zuständig, hatte eine große Elektroab-

teilung. Das Guinness-Buch der Auto-Fakten verzeichnet zwischen den Jahren 1896 und 1939 weltweit nicht weniger als 565 Marken von Elektroautos. Kein Wunder, denn schon damals waren E-Autos etwas leichter zu handhaben und laufruhiger, zudem hatten sie keine Starter-Kurbeln wie die ersten Benziner, nicht zu vergessen ihre Explosionssicherheit. Natürlich waren diese Fahrzeuge aufgrund der damaligen Batterien deutlich schwerer, und besonders weit fuhren sie auch nicht. Da dann ab circa 1912 der Siegeszug des Erdöls aufgrund der riesigen Funde vor allem im arabischen Raum einsetzte, wurde die Akku-Technologie nicht mehr weiterentwickelt und von den 1920er-Jahren an spielten Fahrzeuge mit Elektroantrieb im Individualverkehr so gut wie keine Rolle mehr – für die nächsten fast 100 Jahre.

Es gibt heute eine Reihe von Automobilhistorikern, die sich diese lange Pause aus wissenschaftlich-technologischer Sicht nicht erklären können. Schon damals nahm die Reichweiten-Diskussion ein Ausmaß an, das zumindest für den städtischen Nahverkehr nicht nachvollziehbar war. Warum wollen Menschen die Möglichkeit haben, möglichst weit zu fahren, ohne nachzuladen? – Das ist eher ein kulturelles als ein technisches Phänomen. Die Straßen der Welt wurden zwar über die Jahrzehnte immer besser, dafür gab es immer mehr Autos, damit Staus und schon bald die ersten Hinweise darauf, dass das fossile Brennmaterial erstens endlich und zweitens dessen Verbrennung in großem Stil aufgrund der CO_2-Emissionen gesundheitsschädlich ist. Klimawarner gab es ebenfalls, erst recht, nachdem die Industrielle Revolution vielerorts gezeigt hatte, was Luft- und Umweltverschmutzung anrichten kann. Aber nicht einmal die erste große Ölkrise in den 70er-Jahren führte ernsthaft zum Umdenken. Bestenfalls sann man über Filterlösungen zur Schadstoffreduktion nach – die Notwendigkeit von Null-Emissionen wurde niemals ernsthaft in Erwägung gezogen, denn die Spirale des »schneller, höher und weiter«, gerade im Automobilbau, kurbelte stets die Weltwirtschaft an und führte nicht nur zu Wohlstand und vermeintlicher individueller Unabhängigkeit, sondern auch zu den bekannten Exzessen: War in den 70er-Jahren ein 100-PS-Benziner für die meisten Menschen ein übermotorisierter Traum, ist dieser Leistungsbereich bei Verbrennungsmotoren heute eher das Minimum. Keine Seltenheit sind 500-PS-Autos, die trotz Katalysator große Mengen CO_2 emittieren.

Alternative Antriebe dagegen wurden lange als langweilige Spinnerei belächelt. Aber es gab sie die ganze Zeit: Im Nahverkehr zum Beispiel fuhren und fahren vielerorts Milchlaster mit Elektroantrieb, es gibt elektrifizierte Postfahrzeuge, Stadtbusse mit Oberleitungen und einiges mehr. Bei manchen Mini-Gefährten für Kurzstrecken wie zum Beispiel Golf-Carts oder Gabelstapler in großen Hallen war und ist die Elektrifizierung sogar Standard.

Natürlich unternahmen einige Hersteller immer wieder Versuche zur Elektrifizierung von Serienfahrzeugen, jedoch erst die zweite große Ölkrise, diesmal in den 90er-Jahren durch den Golfkrieg hervorgerufen, ließ bei vielen Menschen vorsichtig ein neues Bewusstsein für Umweltthemen erwachen. Im Kalifornien der späten 80er-Jahre wurde es durch die Tatsache gefördert, dass über der Umgebung der teilweise 12-spurigen Autobahnen so viel Smog war, dass man häufig den vorausfahrenden Wagen nicht mehr sah. So konnte die Regierung nicht mehr anders, als Fahrverbote auszusprechen. Nach und nach wurden dann Gesetze verabschiedet, die die Emissionen sinken ließen, es wurden Katalysatoren eingeführt, aber erst 1990 gab es mit dem CARB (California Air Resources Board) die erste gesetzliche Regelung, die vorsah, dass bis 1998 mindestens 2 Prozent, bis 2003 sogar 10 Prozent aller Fahrzeuge emissionsfrei zu fahren hatten. Schon im Jahre 2002 allerdings wurde dieses Gesetz deutlich entschärft, als zwar der Ausstoß von Treibhausgasen schärfer sanktioniert wurde, dafür aber die Nullemissionen nicht mehr eingehalten werden mussten.

Generell verhielt sich die Politik lange sehr zaghaft, ein Umdenken der Autoindustrie setzte nur langsam ein, Forschungsabteilungen für alternative Antriebe wurden erst nach und nach in den Konzernen gegründet. In den 90er-Jahren versuchte sich VW am Golf Citystromer, doch für den war schon nach 120 Autos Schluss – er war zu schwer und zu schlecht zu laden. Etwas besser erging es dem Elektrovehikel EV1 von General Motors – etwa 1000 Stück wurden davon zwischen 1996 und 1999 gebaut, ein Tropfen auf dem sprichwörtlichen heißen Stein.

Den ersten Hype um ein teilelektrisches Fahrzeug gab es dann um die Jahrtausendwende, als das langsam erwachende Klimabewusstsein einiger Hollywoodstars sie dazu führte, ihre dicken Golfkriegsbrummer der Marke Hummer abzuschaffen und sich ein japanisches Auto zu kaufen: Vom Toyota Prius, dem ersten Großserienhybridfahrzeug überhaupt wurden bis Ende 2016 vier Millionen Stück verkauft – echte Elektrifizierung indes war das, wie im letzten Kapitel beschrieben, noch lange nicht.

Das berühmteste historische Elektroauto aller Zeiten ist übrigens ein »Einmal-Fahrzeug«, von dem es bis heute nur drei Exemplare gibt: Das »Lunar Roving Vehicle«, LRV, ist das legendäre Mond-Auto der NASA, das ab 1969 in nur wenigen Monaten entwickelt wurde, um danach für die drei Missionen Apollo 15, 16 und 17 zur Verfügung zu stehen. Es wiegt 210 Kilogramm, konnte inklusive Astronauten 490 Kilogramm zuladen und hatte vier Elektromotoren, die jedes Rad mit 180 Watt antrieben, und zwei von Varta hergestellte nicht-wiederaufladbare Batterien, die eine Höchstgeschwindigkeit von 13 km/h und eine Reichweite von 92 Kilometern auf extrem unwegsamem Terrain ermöglichten. Bis auf Kleinigkeiten funktionierten alle drei LRV einwandfrei.

Auch das modernste Elektrofahrzeug überhaupt ist ein NASA-Rover – es fährt aktuell auf dem Mars unter noch unwirtlicheren Bedingungen: Die »Perseverance« unternimmt dank sechs großer Ballon-Räder bis zu 20 Kilometer lange Reisen rund um den Jezero-Krater in einem ausgetrockneten See des Roten Planeten und verpackt mineralisches Material in kleine Röhren zur Auswertung durch spätere Missionen, die sie zur Erde transportieren sollen. Angetrieben werden die Elektromotoren des Rovers von einem »Multi-Mission Radioisotope Thermoelectric Generator«, das ist im Prinzip ein nuklearer Akku, der die kontrollierte Verbrennungshitze radioaktiven Zerfalls von Plutonium nutzt, um vom Start weg mit 110 Watt Leistung loszulegen. Diesem Akku macht die marsianische Eiseskälte von durchschnittlich minus 68 Grad Celsius nichts aus, er hält, so erhoffen es sich die Wissenschaftler, Jahrzehnte.

All diese Fakten zeigen: Die Entwicklung des Elektroautos steht keineswegs ganz am Anfang – sie ist nichts anderes als ein Schritt in der Evolution des Automobils insgesamt.

Im Jahr 2021, in dem diese Zeilen geschrieben werden, überbieten sich die Bosse vieler Marken mit markigen Zitaten gegenseitig. Eine kleine Auswahl:

»Ich habe das Elektroauto neu erfunden.« (Elon Musk, Tesla)

»Wir wollen Tesla überholen.« (Markus Duesmann, Audi)

»Wir haben eine bockstarke Marke.« (Ola Källenius, Mercedes)

»Wir bauen das nachhaltigste Auto.« (Oliver Zipse, BMW)

»Auch Ferrari wird elektrisch.« (John Elkann, Ferrari)

»Elektroautos müssen Mainstream werden.« (Carlos Tavares, Citroën Fiat Peugeot Opel)

KAPITEL 5

WAS KOSTEN ELEKTROAUTOS UND WER GIBT MIR GELD DAZU?

Viele Elektroautos sind in der Produktion günstiger als ihre benzin- oder dieselgetriebenen Pendants und das aus mindestens drei Gründen:

Erstens kostet selbst ein leistungsfähiger Elektromotor in der Regel nur den Bruchteil der Summe eines Verbrenners, da er aus deutlich weniger Teilen besteht und viele seiner Features vor allem Software-Lösungen sind.

Zweitens sind neue E-Fahrzeuge längst nicht mehr, wie noch das Tesla Model S, quasi handgefertigte Einzelstücke in relativ kleinen Stückzahlen, sondern markenübergreifend computerkonfektionierte Großserienmodelle. Sie werden aus riesigen Baukästen zusammengesetzt, was bedeutet, dass kleine Sportwagen und große Vans sich zum Beispiel bei Volkswagen aus der Konzern-Plattform MEB (Modularer Elektro Baukasten) viele gemeinsame Komponenten teilen und speziell der Akku nicht mehr wie beim VW-Golf dort hingedengelt werden muss, wo einst der Tank war. Er sitzt schwerpunktoptimiert im Unterboden des Fahrzeugs und hat wie eine Tafel Schokolade bei Bedarf mehr oder weniger Riegel – so viele, wie gerade gebraucht werden.

Vergleichsweise preiswert in der Produktion ist auch der On-Board-Zentralcomputer mit GPS, GSM, WiFi und Bluetooth. OTA (Over the Air) -Updates sorgen für Fernwartung, Software-Upgrades, Sicherheit und natürlich jede Art moderner Kommunikation und Navigation.

Von den Produktionskosten her ist der Akku das größte Problem. Ihn unter Vermeidung von CO_2 optimiert herzustellen und seine Rohstoffe umweltbewusst abzubauen, ist teuer, zumal viele Hersteller dazu nicht selbst in der Lage sind, sondern gezwungen, die Akkus teuer einzukaufen. Noch bis vor wenigen Jahren herrschte eine große Knappheit an den benötigten Rohstoffen, denn zum Beispiel chinesische Firmen, die sich Schürfrechte für Seltene Erden schon vor Jahrzehnten gesichert hatten, nutzen ihre Monopolstellung reichlich aus – ausführlich wird das in den nächsten Kapiteln erzählt. Deswegen bauen alle großen Konzerne inzwischen eigene Batteriefabriken, um von den ausländischen Märkten unabhängiger zu werden; und sie unterhalten eigene Forschungszentren, die zumindest mit Start-ups beim Thema Akku zusammenarbeiten. Konkurrenz und Vielfalt beleben auch hier den Markt und senken die Kosten. Ob die Ersparnisse am Ende an die Endkunden weitergegeben werden, ist eine andere Frage, denn die Hersteller von Automobilen, gerade in Deutschland, haben gewachsene Kostenstrukturen, die aus deren Sicht an die Energiewende, an den digitalen Wandel sowie natürlich an den Klimawandel angepasst werden müssen. Hinzu kommt ein Hasardeur wie Tesla-Chef Elon Musk, der mit brachialer Gewalt in diesen neuen Markt eingedrungen ist und mit dafür gesorgt hat, dass der ein oder andere weltweite Hersteller aus seinem Dornröschen-Schlaf erwacht ist. Viele Hersteller sahen lange keine Notwendigkeit, ernsthaft Elektromobilität zu betreiben, sie befanden sich in einer unheiligen Allianz mit der Politik, die in vielen Ländern ebenso halbherzig wie schwerfällig auf die Zeichen der Zeit am Horizont reagierte und zwar etwas härtere CO_2-Regeln etablierte, aber Schummel-Sünden lange nicht sanktionierte.

Das ändert sich gerade: Nicht nur scheinen viele Politiker die Abgasregeln ernster zu nehmen, sondern sie betreiben plötzlich den Wandel hin zur Elektromobilität mit nie gekannten Aktionen wie ernstzunehmenden Strafaktionen gegen CO_2-Sünder und Milliardensubventionen für Hersteller und potentielle Kunden. Dazu kommen Fridays For Future, eine grüne Kanzlerkandidatin in Deutschland, in den USA die Nach-Trump-Ära – all das sind Treiber für die Elektromobilität. Die Corona-Pandemie brachte Deutschland ein gewaltiges Konjunkturpaket, in dessen Folge die Umweltboni des Staates im Jahre 2020 durch eine Innovationsprämie verdoppelt wurden. Wer bis Ende 2021 ein Elektroauto oder ein Plug-in-Hybrid-Fahrzeug kauft, kann sich auf eine Netto-Förderung von bis zu 9000 Euro freuen. 6000 Euro davon zahlt das Bundesamt für Wirtschaft und Ausfuhrkontrolle, kurz BAFA, auf Antrag, einen weiteren Zuschuss gibt es vom Hersteller. Aber auch für die Zeit nach 2021 wird viel Fördergeld in Aussicht gestellt: Bis Ende 2025 erhält jeder Käufer eines Elektro-Neuwagens bis 40 000 Euro Nettolistenpreis vom Bund 5000 Euro, der Hersteller gibt weitere 2500 Euro dazu, was immer noch eine Gesamt-Förderung von 7500 Euro ergibt.

Plug-in-Hybride werden nur gefördert, wenn sie höchstens 50 Gramm CO_2 pro Kilometer emittieren oder ab 2022 eine Mindest-Reichweite von 60 Kilometern, ab 2025 von mindestens 80 Kilometern haben. Diese Regelung ist, wie in Kapitel 3 beschrieben, umstritten, da Plug-in-Fahrzeuge in der Praxis selten geladen werden – die elektrische Mindest-Reichweite von 80 Kilometern macht schließlich das Gesamtfahrzeug aufgrund ihres großen Akkus noch schwerer – und der Benzinmotor ja auch an Bord bleibt. Beim Leasing dieser Fahrzeuge wird die Höhe der Förderung abhängig von der Leasingdauer gestaffelt, wenn der Vertrag eine Laufzeit von weniger als 24 Monaten vorsieht.

Generell werden Autos, wie viele andere Konsumgüter, zum Leidwesen des klassischen Autohandels immer häufiger online konfiguriert, bestellt und verkauft. Da liegt es nahe, auch die Förderungsanträge für den Umweltbonus direkt bei der BAFA zu beantragen. Viele Hersteller nehmen Interessenten heute sogar das ab.

Zusätzlich wird nicht nur das Fahrzeug selbst gefördert: Wer sich zu Hause in der Einzelgarage oder in seiner Tiefgarage eine Wallbox hinstellt und ausschließlich mit Naturstrom betrieb, wird unterstützt. Das Bundesverkehrsministerium hat bis November 2021 insgesamt 400 Millionen Euro zur Verfügung gestellt; eine einzelne Wallbox, die im Schnitt rund 1500 Euro kostet, wird mit bis zu 900 Euro gefördert, das Interesse ist so riesig, dass das Bundeswirtschaftsministerium nach dem Ende des ersten Förderzeitraums im November 2021 hier weiteres Budget in Aussicht gestellt hat.

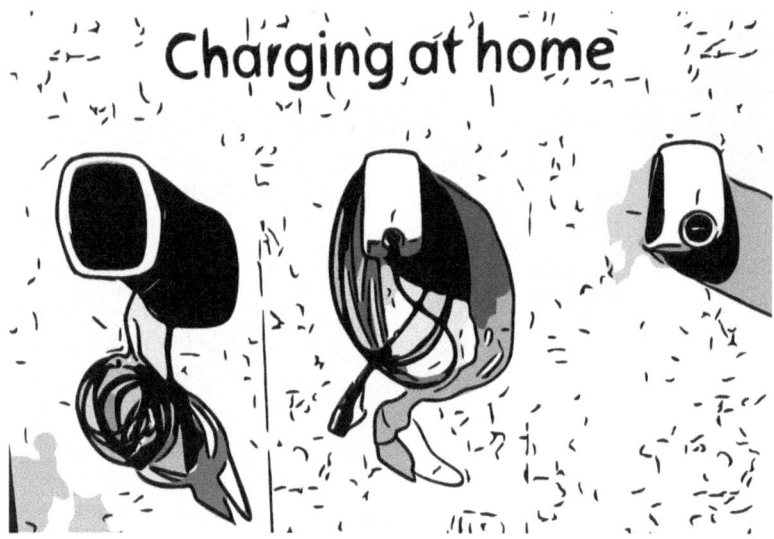

Geld sparen: Zuschuss auch für private Wallboxen.

Wenn Geld oder Förderung keine Rolle spielt, Sie Ihr altes Auto einfach nicht hergeben möchten oder sich ihren Klassiker elektrifizieren möchten, ist das kein Problem. Aber darf man Autos, die mit einem Verbrenner-Motor ausgeliefert wurden, einfach so umrüsten, um sie für das Zeitalter der Elektromobilität tauglich zu machen? Offiziellen Oldtimer-Status, ob mit H-Kennzeichen oder ohne, wird man mit einer Umrüstung nicht erhalten, denn das setzt eine Restauration mit Originalteilen voraus. Ansonsten gilt: Mach, was du willst und vor allem, was du dir leisten kannst! Natürlich bleibt ein klassischer Rolls-Royce auch mit Elektromotor eines der

schönsten Autos, das je gebaut wurde, erst recht im Auge des betrachten-
den Liebhabers, der vor allem die gediegene Innenausstattung schätzt und
die Geräuschdämmung, die damals zu dem viel zitierten Werbespruch
geführt hat: »Das lauteste Geräusch, das Sie bei 60 Meilen pro Stunde
hören, ist das Ticken der Borduhr.« Eine Reihe von Umrüstbetrieben hat
sich auf die Fahnen geschrieben, Orgien aus Chrom, Leder oder auch
Aluminium zu veranstalten und Ihr Auto mit einem Antrieb auszustatten,
der zwar den Verlust des Oldiestatus zur Folge hat, es aber dafür vermutlich einige Generationen sammelbar und fahrbar hält.

Die Firma »Retro-Ev« legt inzwischen Klassiker in elektrifizierten
Kleinserien neu auf, erhält deren ikonische Schönheit und verbindet
sie mit moderner Fahrgestell- und Antriebstechnologie. Ein Rolls Royce oder Bentley e-Continental wird dann mit Preisen um 300 000 Euro
zum schlüsselfertigen neuen E-Oldtimer mit rund 230 PS, 40-kWh-Akku,
Servolenkung, Bremskraftverstärkung, einer elektrisch aktivierten Park-
bremse, Zentralcomputer mit GPS, GSM, WiFi, Bluetooth et cetera. Die
Reichweite ist dennoch dürftig, aber Besitzer eines solchen Fahrzeugs haben ja weder nur dieses eine Auto und es auch nicht eilig.

Noch dicker geht es bei »Lunaz-Design«: Hier gibt es einen Rolls
Royce Phantom V – von vielen noch heute als das »beste Auto der Welt«
verklärt – hochmodern elektrifiziert, mit einer schweren 120-kWh-Batte-
rie, die dem dann deutlich über drei Tonnen schweren Fahrzeug eine
reale Reichweite von fast 500 Kilometern bescheren soll. Bilanziell emissionslos läuft das Ganze womöglich nicht ab, andererseits muss man hier
die Energiegesamtbilanz über die komplette Wertschöpfungskette hinweg
in Verbindung mit der angenommenen Nutzungsdauer von sicherlich
noch mal mehreren Jahrzehnten sehen – für eine halbe Million Euro
aufwärts ist man dabei. Wer hier seinen eigenen Klassiker zum Umrüsten
mitbringt, muss etwas warten und erhält dann ein praktisch neues Auto
mit komplett neuer Technik, zukunftssicher auf- und ausgerüstet.

Umrüsten möglich: Rolls-Royce mit Elektromotor.

Andere Klassiker sind alte Käfer-Cabrios oder der 356er Porsche. Beim Volkswagen-Konzern denkt man mit Blick auf Leistung und Reichweite über eine erweiterte Nutzung des modularen Baukastens MEB nach, der die Plattform für die meisten modernen Elektro-Konzernfahrzeuge liefert – warum also nicht auch die eigenen Oldies elektrifizieren?

Das machen inzwischen viele Hersteller: Renault, Citroën, Aston Martin und andere. Selbst Jaguar baut einen elektrifizierten e-Typ mit Teilen aus über 60 Jahre alten Karosseriepressen und verspricht, bei Bedarf sogar wieder den originalen Zwölfzylinder einzubauen, wenn das einmal opportun werden sollte. Gefördert werden solche Fahrzeuge nicht.

KAPITEL 6

STIMMT ES, DASS DIE PRODUKTION VON AKKUS BESONDERS UMWELTSCHÄDLICH IST?

Die Herstellung eines jeden Produktes beansprucht Rohstoffe, Flächen und Energie, immer geht es dabei der Natur an den Kragen, und immer zulasten der Generationen nach uns. Es ist generell entscheidend, Schadstoffemissionen entweder zu vermeiden oder mit Blick auf die Ressourcen zu minimieren. Seit Menschen mobil sind, verbrauchen alle ihre Fortbewegungsmittel CO_2 – selbst die Produktion eines Fahrrades oder eines Kinderwagens sind da keine Ausnahme. Metalle und Kunststoffe werden dafür hergestellt, herangeschafft, in Form gebracht und millionenfach multipliziert – das kostet Energie. Aber wie ein Elektroauto stoßen Fahrräder und Kinderwagen wenigstens während des Gebrauchs keine Emissionen aus, sie sind also lokal emissionsfrei.

Aber was ist mit der Akku-Produktion? Ist nicht der Abbau der Rohstoffe für einen Akku ein ungeheuerliches Sakrileg an der Umwelt? Ist das nicht eine mindestens so große Umweltsauerei wie die Ölförderung? Und reden wir nicht bei Lithium, Graphit, Cobalt und Seltenen Erden auch von fossilen Materialien? Bewegen wir uns also praktisch vom Regen in die Traufe, vom Benzin weg hin zum Strom?

Hier ein ganz kurzes Update, wie Akkus funktionieren – deren Historie ist sehr international: Vor über 200 Jahren entdeckte der italienische Physiker Alessandro Volta, dass sich chemische Energie in elektrische Energie verwandeln lässt. Um 1800 legte er nach Hunderten von Versuchen Kupfer- und Zinkplatten übereinander, dazwischen legte er jeweils ein Stück in Salzwasser getränktes Leder. Das Zink gibt dabei Elektronen ab, ein negativer Pol entsteht, das Salzwasser sorgt für einen positiven Pol am Kupfer. Dann verband Volta beide Pole mit einem Draht aus Metall und die überschüssigen Elektronen flossen zum positiven Pol: Erstmals erzeugte ein von Menschen gesteuerter chemischer Prozess Energie. Einen Schritt weiter ging kurze Zeit später der deutsche Physiker Johann Wilhelm Ritter, der Voltas Prinzip weiterentwickelte: Seine sogenannte »Ladungssäule« nämlich, ebenfalls übereinander geschichtete Platten aus Kupfer und anderen Materialien ließ sich nach der Entladung wieder neu aufladen – der erste Akku, das Wort kommt vom lateinischen *accumulare* (das heißt anhäufen oder speichern), war geboren. Ein Franzose wiederum, Gaston Planté, war der erste, der mehrere solcher Konstrukte, diesmal mit Bleiplatten und Säure, in Reihe schaltete – die Batterie, so benannt nach der französischen Schlachtordnung einer Reihe gleichartiger Geschütze, war erfunden.

In den folgenden Jahren entwickelte vor allem der Schwede Waldemar Jungner das Prinzip weiter, in dem er die Technik kontrollierbarer machte und Nickel-Cadmium-Zellen einsetzte. Ähnlich arbeitete der Amerikaner Thomas Alva Edison und es kam sogar zum Patentstreit, den Edison für sich entscheiden konnte.

Alle heute gängigen Auto-, Handy- oder Laptop-Akkus funktionieren im Prinzip genauso – nur dass heute andere Metalle verwendet werden. Man suchte im Laufe der letzten Jahrhunderte nach Metallen, die möglichst viel Elektronenaktivität bei einer hohen Energiedichte, einem möglichst geringen Gewicht und einer wirtschaftlichen Herstellung aufweisen. Derzeit erfüllen die sogenannten Lithium-Ionen-Akkus diese Kriterien am besten – wobei es sich hier um einen Oberbegriff für eine Reihe von Akkus aus verschiedenen Metallmischungen handelt, in denen Lithium und Cobalt, aber auch andere Metalle wie Nickel, Mangan oder auch Eisen eingesetzt werden. Ziel dabei ist es nach wie vor, eine höchstmögliche Energiedichte zu erreichen. Lithium ist ein chemisches Element, ein Leichtmetall, das in der Natur nicht in Reinform vorkommt, sondern nur gebunden in der Form von Salzen. Wo früher Vulkane brodelten, gibt es heute Lithium. Ein Großteil der Lithiumvorkommen der Welt befindet sich in südamerikanischen Salzseen in Argentinien, Bolivien und Chile. Das »Weiße Gold der Anden« wird in Form eines Lithium-Metalloxids zu Akkus verbaut, der größte Teil der Lithium-Weltproduktion wird für diese Akkus benötigt.

Auch die Cobalt-Produktion nimmt mit zunehmendem Akku-Bedarf für elektronische Geräte, besonders durch den Smartphone-Boom und die gerade aufziehende Ära der Elektromobilität, zu. Dieses Metall wird vor allem in Minen der Demokratischen Republik Kongo gefördert, wo meist junge Männer, aber auch Frauen und Kinder als Lohn für ihre Arbeit nur wenige Dollar am Tag erhalten. Menschenrechtsorganisationen berichteten noch vor wenigen Jahren von Kinderarbeit, Lungenkrankheiten durch Cobaltstaub und unmenschlichen Arbeitsbedingungen, da es in diesen Minen so gut wie keine Sicherheitsstandards gibt. In jüngster Zeit gibt es Anzeichen dafür, dass sich die meist chinesischen Cobalt-Konzessionäre, die bereits in den 60er-Jahren des letzten Jahrhunderts die meisten Cobalt-Schürfrechte erwarben, verpflichten wollen, hier etwas zu ändern. Die Bundesanstalt für Geowissenschaften und Rohstoffe berichtet, dass Kinderarbeit vor allem im illegalen Bergbau im Kongo vorkomme und ansonsten nicht so verbreitet sei wie befürchtet. Viele der internationalen Konzerne, die dort einkaufen, sind bei dem Thema heute sehr aufmerksam und haben mit zunehmendem Markt auch eine Auswahl. Der Bedarf an diesem Metall ist schier unerschöpflich, er wird sich weiter massiv erhöhen, die möglichen Profite aus 1 Tonne Cobalt sind gigantisch. Die Menschen im Kongo allerdings, und in anderen armen Regionen der Welt, in denen diese Metalle für unseren Wohlstand abgebaut werden, haben davon fast nichts. Das ist ein großer Unterschied zur Blütezeit des Öls, das einigen arabischen Ländern unermesslichen Reichtum brachte.

Mit Ausnahme Australiens gibt es weltweit keine westliche Industrienation, die über nennenswerte Vorkommen der wertvollen Metalle verfügt, das heißt: Alle Elektroautos produzierenden Nationen hängen am Tropf vor allem Chinas. Derzeit bauen amerikanische, japanische, koreanische und deutsche Autobauer vielerorts gigantische Produktionsstätten für Auto-Akkus. Tesla ist dabei, weltweit mehrere sogenannte Giga-Factories zu errichten – in kilometerlangen Werkshallen sollen hier Batteriezellen mit einer Gesamt-leistung von mehreren 100 Gigawattstunden entstehen – dutzendfach mehr, als noch 2013 weltweit an solchen Zellen benötigt wurde. Produktionsrekor-de fallen hier im Monats-Takt: So nahm Tesla nahe Adelaide in Australien die weltgrößte Lithium-Ionen- Batterie in Betrieb, die durch einen Windpark geladen wird und 30 000 Haushalte mit Strom versorgt. Auch diese größ-te Batterie der Welt besteht aus den gleichen kleinen Zellen, die in einem Smartphone zum Einsatz kommen, was bedeutet: Je mehr solcher Zellen man verbaut, desto mehr Energie hat man zur Verfügung beziehungsweise desto weiter fährt ein E-Auto. Allerdings steigen die Kapazitäten dieser Zellen mit zunehmenden Produktionserfolgen nicht so stark an wie beispielsweise die Anzahl der Schaltungen in Mikroprozessoren. Das heißt, in den letzten 25 Jahren erhöhte sich die Energiedichte von Akkus pro Jahr nur um jeweils rund 5 Prozent, und selbst mit aufwendiger Forschung, den gelegentlich verkündeten Durchbrüchen bei der Entwicklung von »Superakkus« werden hier keine exponentiellen Steigerungsraten erwartet. Die Nachhaltigkeitsef-fekte der Elektromobilität werden sich daher nur langsam einstellen.

Auch deutsche Hersteller planen beziehungsweise bauen bereits entweder selbst Batteriefabriken oder gehen Kooperationen mit den Giganten am Markt ein, um Kosten, Produktionsrisiken und Abhängigkeiten zu minimie-ren. Mitte 2021 gab es in Deutschland bereits über 20 große Projekte bezie-hungsweise Fabrikationsstandorte für Autobatterien. Neben Tesla, Volkswa-gen, Daimler, BMW und Porsche sind auch klassische Batterieanbieter wie Varta mit im Rennen, ein großes deutsch-französisches Konsortium für die

Marken des Stellantis-Konzerns (Opel, Peugeot, Citroën, Fiat etc.), schwedische Firmen wie Northvolt und mehrere chinesische Großkonzerne (CATL, SVOLT, Farasis) – jedes dieser Unternehmen investierte Milliarden allein in Deutschland, und alle wollen sich an die strenger werdenden deutschen Gesetze halten und möglichst klimaneutral produzieren.

Vor sechs Jahren gab es eine (schwedische) Studie, die herausfand, man müsse einen Wagen mit einem Verbrennungsmotor mindestens acht Jahre lang fahren, bis er die Umwelt so stark belastet habe wie das allein bei der Produktion des gewaltigen Akkus für einen Tesla S der Fall ist – dessen Stromverbrauch dabei noch nicht einmal mitberücksichtigt war. Kleinere Akkus in leichteren Fahrzeugen schnitten deutlich besser ab, hier war die Energiebilanz bereits nach zwei bis drei Jahren positiv. Mit zunehmender Verbreitung der Elektromobilität zulasten des Verbrennungsmotors und einem deutlicher werdenden Fokus auf die bilanzielle CO_2-Neutralität der E-Fahrzeuge wird dieser Wert weiter sinken, dennoch gilt: Wem die Umwelt und das Klima tatsächlich am Herzen liegt, packt erstens nicht automatisch den fettesten Akku in das neue Auto, sondern nur den, den er für einen Großteil seiner Aktivitäten braucht. Und kauft zweitens nicht jedes Jahr das neueste Modell, sondern fährt das Fahrzeug mindestens so lange, wie Garantiezeit auf den Akku besteht. (Die heutige Garantiezeit auf den Akku bei den großen Anbietern beläuft sich auf durchschnittlich acht Jahre.) Das spart viel Geld, auch weil E-Autos durch geringeren Wartungsaufwand seltener in die Werkstatt müssen. Für Spezialfahrten (Langstrecke, Transport, Sport) kann man sich zum Beispiel ein Sharing-Fahrzeug ausleihen.

Die Wahrscheinlichkeit, dass der Akku nach acht Jahren immer noch fast so leistungsfähig ist wie zu Beginn seines Lebenszyklus, ist heute übrigens deutlich höher als noch vor wenigen Jahren, als die Hersteller sich nicht trauten, ihren Kunden die Akkus zu verkaufen. Leistungsschwäche, Störanfälligkeit und Ladedauer führten damals zur Praxis, Akkus zu vermieten, die im Notfall getauscht werden konnten. Das hat sich inzwischen gründlich geändert. Ein Kollege, der seinen BMW i3 mit dem ersten Akku seit nun sechs Jahren problemlos fährt, antwortete kürzlich auf meine Frage, wie lange er den denn behalten wolle: »Bis zum H-Kennzeichen.«

KAPITEL 7

WAS PASSIERT EIGENTLICH MIT DEN ALTEN AKKUS?

Viele Autohersteller wollen schon in wenigen Jahren vollständig auf Elektromobilität umstellen. Ende Juni 2021 kündigte auch Volkswagen an, spätestens 2033/2035 keine Verbrennerautos in Deutschland mehr verkaufen zu wollen. Nur für das Ausland solle es dann noch einige Jahre lang Benzin- und Dieselfahrzeuge geben – die werden mithelfen müssen, den Wandel in eine rein elektrische Autowelt zu finanzieren.

Wenn das alles klappt, werden dann pro Jahr allein in Deutschland etwa eine Dreiviertelmillion Elektrofahrzeuge nur bei Volkswagen gebaut. Geschätzt werden zu dieser Zeit auch jene Akkus, die heutzutage ausgeliefert werden, außer Dienst gestellt. Dann haben sie entweder einen zu großen Teil ihrer Leistung verloren, sind möglicherweise von einer neuen Technologie überholt worden oder der Rest des Autos hat einen großen Teil seines Lebenszyklus hinter sich. Generell halten die Akkus nach den Langzeiterfahrungen, die man inzwischen auch in der Praxis hat, oftmals deutlich länger als die zumeist acht Jahre Garantiezeit und 150 000 bis 200 000 Kilometer, die die Hersteller im Schnitt versprechen. Es gibt Teslas, von denen bekannt ist, dass ihre Akkus über 500 000 Kilometer hielten. Ein deutscher Teslafahrer taucht mit seinem Model S Jahr für Jahr auf den entsprechenden Portalen auf, auf denen

neue Bestmarken bekannt gegeben werden: Im Frühjahr 2021 hatte sein
Wagen 1,3 Millionen Kilometer auf dem Buckel und bis dahin vier Motoren und nur drei Akkus verschlissen – der letzte Akku hielt angeblich
668 000 Kilometer.

Dennoch: Irgendwann schlägt für jeden Auto-Akku einmal die letzte Stunde, und dann greift hierzulande das Anfang 2021 aktualisierte
deutsche Batteriegesetz, mit dem Deutschland der Europäischen Batte-
rierichtlinie etwas voraus ist. Es sieht vor, dass Hersteller sich registrie-
ren müssen, bevor sie Akkus auf den Markt bringen, dass sie diese auch
wieder zurücknehmen müssen und dafür ein eigenes Rücknahmesystem
gründen dürfen, und dass auch Händler immer strengere Rücknahme-
und Hinweispflichten für Altbatterien beachten müssen. Zudem wurde
die Mindestrücknahmequote für Altbatterien von 45 Prozent auf 50 Prozent erhöht, was zwar nach wenig klingt, von der Rücknahme-Praxis jedoch deutlich überboten wird, weil niemand seinen alten Akku einfach
auf den Schrott wirft.

Autobatterien werden heute bereits zu rund 90 Prozent recycelt, während dieser Wert vor rund zehn Jahren noch bei rund 25 Prozent lag.

Das Cobalt der Akkus kann inzwischen zu fast 95 Prozent wiederver-
wendet werden, selbst das Lithium – vor wenigen Jahren kaum verwend-
bar – kann aus der Schlacke, die durch das Einschmelzen der Batterien
entsteht, inzwischen wieder zurückgewonnen werden. Die Gehäuse der
Akkus, die aus Aluminium, Kupfer und Kunststoffen bestehen, werden
ebenso wertstoff-recycelt wie der ganze Rest des Autos. In Japan hat Toyota bereits 2010 den ersten Batterie-zu-Batterie-Recyclingbetrieb Asiens
eingerichtet, in dem die alten Batterien der Hybrid-Fahrzeuge ressource-
neffizient weiterverwertet werden. Zudem werden dort seit Kurzem auch
ausgediente Brennstoffzellen-Einheiten aus dem Modell Mirai weiterverwertet, denn die enthalten das Edelmetall Platin.

Inzwischen greift aber auch längst eine völlig andere und noch viel
sinnvollere Lösung des Recycling-Problems: Viele aus E-Mobilen ausge-
musterte Akkus müssen gar nicht erst recycelt werden, denn man kann
sie nach ihrer Lebensdauer als Auto-Akkus noch als stationäre Batterie-

speicher einsetzen, nämlich dort, wo sie nicht ihr hohes Eigengewicht antreiben müssen. Dies gilt übrigens auch für nicht verwendete Batterien vieler Baureihen, die als Ersatzteile vorgehalten werden. Batterien halten, wenn sie nicht mechanisch zerstört werden, sehr lange. Beim millionenfach verkauften Elektroauto Nissan Leaf verabschiedeten sich in über einer Dekade nur sehr wenige Akkus, ein Teil davon »lediglich« durch Unfall. Überdies ist nur selten eine ganze Batterie defekt; durch den modularen Aufbau ist es bei den meisten Konstruktionen möglich, einzelne Zellengruppen auszutauschen und den Rest zu erhalten. Wenn Akkus nach vier bis acht Jahren ihre Anfangsreichweite verlieren, haben sie fast immer noch rund 80 Prozent ihrer Kapazität. Das ist Power genug, sie in Batteriefarmen oder Großspeichern einzusetzen, wo ihnen ein weiteres langes Leben beschert ist. Praktisch alle Hersteller arbeiten an entsprechenden Projekten, BMW zum Beispiel sagt: »Wir verwenden alle zurückgenommenen Batterien weiter.« Die Daimler-Tochter Accumotive hat beispielsweise mit den Stadtwerken Hannover zusammen den größten Batteriespeicher Europas in Betrieb genommen, der gleichsam als »lebendes Ersatzteillager« für elektromobile Systeme fungiert und 1800 von insgesamt 3200 Batteriemodulen enthält, die für die Fahrzeugflotte der dritten Generation des smart Electric Drive vorgehalten werden. Seit die Anlage unter Volllast läuft, hat sie gut 17 Megawattstunden Speicherkapazität und leistet damit einen Beitrag zur Energiewende weit über die Elektromobilität hinaus.

Eine der verbreitetsten Fragen und Ängste, was die Elektromobilität angeht, lautet: »Wo soll eigentlich der Strom für Millionen von Elektroautos herkommen?« Die Antwort dafür, salopp ausgedrückt: Dies ist das geringste Problem, denn erneuerbare Energien sind unerschöpflich. Wind, Sonne und Meere werden nicht verschwinden – man muss sie lediglich intelligent und sinnvoll nutzen. Viele Staaten dieser Welt arbeiten hart daran, die Nutzung dieser Energien so schnell es geht voranzutreiben und vor allem zu lernen, wie man sie effektiv speichert – denn das ist bislang eines ihrer Hauptprobleme.

Wenn man nun schon mit großem energetischem Aufwand Akkus für Elektroautos herstellt, wie wäre es denn, wenn man diese Akkus nicht nur dafür nutzen könnte, um damit diese Fahrzeuge zu bewegen? Fakt ist ja auch: Die meisten PKWs werden die meiste Zeit überhaupt nicht genutzt, ihre wertvollen Stromspeicher könnte man doch künftig sehr gezielt einsetzen. Im Idealfall könnten sie durch intelligente Nutzung ihren eigenen Fahrstromverbrauch selbst verdienen und vielleicht sogar darüber hinaus eingesetzt werden. Es ist ja auch so, dass weder die Sonne kontinuierlich scheint, um gleichmäßig Strom durch Solarpanels in einen Speicher zu befördern, noch regelmäßig der Wind bläst, um die Energie eines Windrades in eben diesen Speicher zu befördern; das heißt: Es ist immer entweder zu wenig oder zu viel Energie vorhanden. Elektrofahrzeuge könnten zukünftig einen wichtigen Beitrag dazu leisten, das Stromnetz zu stabilisieren und den Anteil erneuerbarer Energien darin zu maximieren.

Die BMW-Abteilung »Energy Services« errichtete als Vorbild für weitere Speichergeschäftsmodelle eine Speicherfarm in Leipzig, in der zurzeit rund 700 Akkus aus dem BMW i3 für eine Gesamtleistung von rund 10 Megawatt pro Jahr sorgen, genug, um 50 000 Haushalte einen Monat lang mit Strom zu versorgen. Viele davon sind recycelte Akkus, neue sind nur deshalb dabei, weil es noch nicht so viele gebrauchte gibt, denn die halten bekanntlich sehr lange. Experten von Bosch arbeiten derzeit daran, mithilfe cloudbasierter Daten aus größeren Fahrzeugflotten Batterien noch leistungsfähiger zu machen, indem sie deren Zellen durch intelligente Lade-Algorithmen schonen und netzausgleichende Ladetimer einsetzen.

Speicherfarm: Windenergie lädt recycelte Akkus.

»In wenigen Jahren, wenn eine kritische Masse solcher optimierter Akkus auf dem Markt ist, werden wir Elektroautos nicht mehr nur als Stromverbraucher ansehen, sondern als sinnvolle Stromspeicher«, sagt Joachim Kolling, der Leiter von Energy Services. Eine solche Speicherfarm wird

dazu beitragen, die erneuerbaren Energien besser ins öffentliche Stromnetz zu integrieren und zu stabilisieren; dann ist Strom nicht nur da,
wenn er gerade erzeugt wird, sondern wenn er gebraucht wird. Das kann
in Spitzenzeiten, in denen Millionen Menschen gleichzeitig ihre Fahrzeuge aufladen, so viel sein, dass das Netz an seine Grenzen gerät. Die
sogenannte »Regelenergie« also, in der es um sekundengenaue Reakti-
onsfähigkeit der Speicher geht, zu kontrollieren, ist das Ziel der Ingenieure. Ein differenziertes Lastmanagement und die Möglichkeiten, diese
Stromverbräuche genau abzurechnen, sind wichtige Nebenaufgaben. Im
BMW-Werk Leipzig funktioniert das schon lange: Das Werk wird – über
den Strom der Speicherfarm – bereits zu mehr als drei Vierteln von selbst
produziertem Windstrom versorgt, der Strom für die an das Versuchsnetz
angeschlossenen Fahrzeuge kommt ebenfalls von dort, und falls er nicht
gebraucht wird, kann er in den Großspeicher zurückfließen, um in Spitzenzeiten dann wieder zur Verfügung zu stehen.

Man kann Auto-Akkus weiterverwenden oder recyceln. Aber wie groß ist
eigentlich die Gefahr, die bei Unfällen von ihnen ausgeht? Potenziert sich
bei ihnen nicht das Problem der Brandgefahr, zumal es irgendwann mehr
durch mechanische Einflüsse beschädigte Groß-Akkus geben wird?
      Derzeit entwickeln sich rund um diese Probleme ganze Industrien:
Der Transport gebrauchter und unbeschädigter Batterien ist unkritisch –
defekte Akkus jedoch müssen mit Spezialtransportbehältern, die im Falle
eines Brandes thermische Energie aufnehmen können, zu den Recycling-
firmen gebracht werden. Noch immer nicht vollständig geklärt sind auch
die Ursachen von Bränden, die vor Jahren Tesla-Fahrzeuge zerstörten.
Dennoch urteilte die Dekra nach dem Test aktueller großer Lithium-Ionen-Akkus mehrfach, dass Elektro- und Hybridfahrzeuge mit solchen An-
triebsbatterien im Brandfall auf dem gleichen Sicherheitsniveau stehen
wie Benzin- oder Dieselfahrzeuge. Wie diese können sie unter bestimmten Umständen explodieren. Es gelten selbstverständlich für alle Autos die
exakt gleichen Sicherheitsanforderungen – unabhängig vom Antrieb. Es
hat, so informierte der ADAC, noch keinen Crashtest gegeben, bei dem
die Batterie eines E-Fahrzeugs sich kritisch verformte und das Hochvolt-

system sich nicht durch die Crashsensorik automatisch abschaltete. Und auch Feuerwehrleute berichten, dass ein Akkubrand zwar anders gelöscht werden müsse als der Brand eines Verbrennerfahrzeugs, aber die Anwendung der Löschmittel und der Ausrüstung und die Vorgehensweise für diesen Fall würden inzwischen standardmäßig trainiert.

KAPITEL 8

HALTEN ELEKTROAUTOS WIRKLICH DEN KLIMAWANDEL AUF?

Nein, erst einmal nicht, denn das Klima hat derzeit noch deutlich größere Probleme als den Straßenverkehr auf dieser Erde.

Der mit Abstand größte Verursacher von CO_2-Emissionen weltweit ist übrigens gar nicht der Verkehr, sondern die Energiewirtschaft, die mit Kraftwerken die Elektrizität und Wärme aus fossilen Brennstoffen produziert. Sie ist für fast die Hälfte des Schadstoffausstoßes auf der Erde verantwortlich. Das Transportwesen, zu dem auch der Autoverkehr zählt, trägt zu einem Viertel dazu bei, die Industrie zu einem weiteren Fünftel.

Aber dennoch ist die Umstellung auf Elektromobilität ein mächtiges Werkzeug im Kampf gegen die Freisetzung klimaschädlicher Gase.

Zur Erklärung: Seit Jahrzehnten sind sich alle Wissenschaftler einig, was die Gefährlichkeit des CO_2-Ausstoßes betrifft, der das Entweichen der von der Erde abgestrahlten Wärme ins All behindert und damit die Temperatur des Planeten erhöht, den Meeresspiegel steigen lässt und das »natürliche« Wetter binnen weniger Jahre in ein Ungleichgewicht bringt und unberechenbar macht. Viele Naturkatastrophen werden eindeutig damit in Zusammenhang gebracht, die Vertreter praktisch aller Industrienationen sind sich dessen bewusst und treffen immer wieder Maßnahmen. – Einzig bei der Konsequenz der Umsetzung dieser Maßnahmen fehlt teilweise die Übereinstimmung unter den politischen Führern.

Es ist schlimm genug, dass sich einige Regierungen dieser Welt neuen Abgasregelungen nur mit winzigen Schritten annähern. Und während Klimaforscher verzweifeln, verhindert der Populismus, dass die heilige Kuh Verbrennermotor angetastet wird – obwohl bereits die lokalen Emissionen von Diesel- und Benzinmotoren Teile der Welt in die Knie zwingen: Vielerorts gibt es immer noch 12- und mehrspurige Autobahnen, auf denen so viel Smog produziert wird, dass man den vorausfahrenden Wagen nicht mehr sieht. In Kalifornien, Europa und Teilen Chinas hat man das inzwischen im Griff; in Mexiko, Indien und vielen Dritte-Welt-Metropolen noch lange nicht. Hier töten die lokalen CO_2-Emissionen oft sozusagen direkt, denn es gibt dort mitunter so viele Abgase wie zum Beispiel in London im Jahre 1952, als im kalten Dezember die Menschen unter dem stark zugenommenen Verkehr litten, die elektrischen Straßenbahnen durch Diesel-Busse ersetzt worden waren, Fabriken im Stadtgebiet noch erlaubt waren und eine Hochdruckwetterlage mit dafür verantwortlich war, dass Schadstoffe nicht weggeweht wurden. Als unmittelbare Folge kamen Tausende Menschen damals ums Leben, Tote durch Langzeitfolgen nicht eingerechnet. Unter Älteren, Kindern und Atemwegserkrankten gab es die meisten Opfer; jeder, der sich damals nur wenige Minuten im Freien aufhielt, was bei einer Sicht von nur wenigen Metern ohnehin kaum möglich war, war mit schwarzem Ruß bedeckt. Ein »Clean Air Act« von 1956 reduzierte die Anzahl offener Kamine im London jener Zeit drastisch, dennoch kam es in den Folgejahren zu weiteren dramatischen Situationen.

Feinstäube und Abgase wurden reduziert, Filter aller Art und später Katalysatoren wurden entwickelt. Aber noch heute werden – laut der Weltgesundheitsorganisation WHO – in der am stärksten belasteten Stadt weltweit, der indischen Metropole Delhi, die Grenzwerte regelmäßig bis zu hundertfach überschritten. Die Lebenserwartung eines in der Großstadt lebenden Inders sinkt allein aus diesem Grund um rund zehn Jahre! Auch hier sind die Atemwege der vulnerablen Gruppen stets zuerst betroffen.

Extremwerte werden im Übrigen nicht nur an belebten Kreuzungen in Neu-Delhi gemessen, sondern auch im Talkessel von Stuttgart oder der Max-Brauer-Allee in Hamburg.

Die heutige Vermeidung von CO_2-Emissionen ist ein Sicherheitsgurt für ein schadstofffreies, gesundes Klima von morgen, das am Ende mithelfen wird, die Erderwärmung aufzuhalten und damit weitere Umweltkatastrophen, bei denen wir heute nur ahnen können, welche Apokalypsen sie nach sich ziehen, zu vermeiden. Insofern halte ich den Siegeszug der Elektrofahrzeuge für den Individualverkehr vor allem in Bezug auf ein neues, kollektives Bewusstsein für Schadstoffreduktion nicht nur für notwendig, sondern für unabdingbar.

Wenn nun die weltgrößten Autohersteller nach und nach die Umstellung auf Elektromobilität bekannt geben und Maßnahmen einleiten, ist zu hoffen, dass sich durch diese Umstellung Lebenseinstellungsveränderungen bei einer großen Menge von Individuen ergeben, die zu einem Stopp der Erderwärmung führen – einfach weil es angesichts der drastischen Folgen bald auch gar keine Möglichkeit mehr geben wird, diese zu ignorieren.

»Vielleicht wird die kollektive Klimasensibilität die letzte Weltreligion sein«, sagte der deutsche Philosoph Peter Sloterdijk der *Augsburger Allgemeinen* vor einiger Zeit, und hält diese Frage auch für die erste, »die alle Menschen erreicht«, und ergänzt, dass nicht einmal Menschenrechte solch »gesellschafts-einende Kraft« haben. Klimawandel-Skeptikern sagt der Philosoph »schwere Zeiten« voraus.

Keineswegs skeptisch, was den offensiven Umgang mit dem Klimawandel angeht, ist inzwischen Herbert Diess, der Chef von Volkswagen: »Wir haben eine Verantwortung und Verpflichtung, unseren Beitrag zur Begrenzung des Klimawandels zu leisten«, betont er und kündigt an: »Bis 2050 wird der gesamte Konzern bilanziell CO_2-neutral sein.« Das bedeutet, die heutigen alternativen Antriebe werden Standard sein und die Produktion jedes einzelnen Fahrzeugs wird ausschließlich mit Naturstrom erfolgen.

E-Vordenker: Volkswagen-Chef Herbert Diess.

Diese bilanzielle Klimaneutralität ist – hoffentlich – das wichtigste Ziel aller heutigen »Umweltsäue«. Es einzuhalten, darf nicht nur Lippenbekenntnis sein, sondern muss, künftigen Generationen zuliebe, schnellstmöglich umgesetzte Verpflichtung werden. Klimasünder müssen mit harten Sanktionen belegt werden, Argumente wie Arbeitsplatzverluste dürfen keine mehr sein – sonst drohen noch ganz andere Verluste. Der EU-Kommissar für Klimaschutz, Frans Timmermans, denkt positiv und glaubt nicht, dass die Politik irgendwann ein faktisches Verbot von Verbrennungsmotoren aussprechen muss. Im Interview mit dem *Hamburger Abendblatt* im Mai 2021 sagte er, dass nach seinen Erfahrungen die Industrie tatsächlich in der Lage sei, die strengen Abgasnormen der Zukunft einzuhalten – selbst dann, wenn eine Verschärfung dieser Normen beschlossen werde.

Wenn alle es können – ja, dann müssen sie es nur noch machen. Die Angst, dass uns langfristig die Lichter ausgehen, ist unberechtigt, denn nachhaltig eingesetzte regenerative Energie ist ja nahezu unbegrenzt auf der Welt vorhanden. Es muss nur dafür gesorgt werden, dass der Großteil dieser Power nicht verpufft. – Dazu müssen die intelligenten Möglichkeiten zur Speicherung, Steuerung und Verteilung, die inzwischen theoretisch zur Verfügung stehen, praktisch umgesetzt werden. Künstliche Intelligenzen, die Bewältigung sehr großer Datenmengen aus Millionen von Haushalten und der Einsatz einer neuen Digitalwirtschaft, die wesentlich effizienter arbeiten kann, helfen dabei, dass der Strom, den das eigene Haus oder anteilig die eigene Wohnung produziert, ins Netz eingespeist wird und man ihn überall dort abrufen kann, wo man ihn gerade braucht, zum Beispiel als Akku-Ladung für das eigene E-Auto an einer Ladestelle weit weg von zu Hause. – Das sollte bald selbstverständlich sein.

Akio Toyoda, der visionäre Patriarch des größten Autoherstellers der Welt Toyota, ist es nicht ganz so wichtig wie Volkswagen, einen schnellen Ausstieg aus dem Verbrennergeschäft zu verkünden, aber sein Ziel am Ende ist das gleiche wie das von Herbert Diess: »Beyond Zero« ist hier die Devise, das heißt das Senken der CO_2-Emissionen mit allen Mitteln, das gilt für Elektro-, Brennstoffzellen-, Plug-in-Hybrid- und Hybridfahrzeuge ebenso wie für jede Art von Mobilität der Zukunft überhaupt, eingeschlossen auch die Frage, ob Autofahren dereinst überhaupt noch Sinn machen wird. Toyodas persönliches Herzensprojekt nämlich ist die »Woven City«, zu Deutsch »Verwobene Stadt«: Auf einem 175 Hektar großen Gelände am Fuße des Fujiyama in Japan baut Toyota eine Modell-Metropole, ein vollständig vernetztes »Ökosystem«, das mit Wasserstoff betriebene Brennstoffzellen nutzt und zu 100 Prozent klimaneutral sein wird. Um das Labor »lebendig« zu machen, werden dort sowohl klassische Einwohner als auch Forscher wohnen, die Technologien wie Autonomie, Robotik, persönliche Mobilität, Smart Home und Künstliche Intelligenz (KI) in realer Umgebung testen und entwickeln. Der dänische Architekt Bjarke Ingels, dessen Team unter anderem das World Trade Center und den Hauptsitz von Google in Kalifornien entwarf, arbeitet an der Umsetzung. Interessierte Wissenschaftler und Forscher aus der ganzen Welt sind eingeladen, an eigenen Projekten in diesem einmaligen, realen »Inkubator« zu arbeiten. Mit über 1200 Spezialisten wird die dahinterstehende Holding »Woven Planet« bald eine zentrale Rolle auf dem Weg zum vollständig vernetzten und automatisierten Fahren spielen. In einem Transportnetzwerk werden in großem Umfang autonome Fahrzeuge eingesetzt werden, die die Bewohner, soweit überhaupt nötig, von A nach B bringen.

Nach diesen Informationen auch zu den Maßnahmen der beiden größten Automobilhersteller des Planeten möchte ich die Ausgangsfrage, ob Elektroautos den Klimawandel aufhalten können, noch einmal etwas differenzierter beantworten: Ein paar tausend E-Fahrzeuge sind sicher eher der Tropfen auf dem heißen Stein. Aber wenn es einigen Millionen Elektroautos gelingt mitzuhelfen, eine Lebenseinstellungsveränderung dahingehend einzuleiten, die unbedingte Notwendigkeit weiterer dringender und manchmal drastischer Maßnahmen zur CO_2-Reduzierung zu erkennen, ist das ein sehr gutes Zwischenziel auf dem richtigen Weg.

KAPITEL 9

WARUM SOLLTE ICH NICHT AUF GÜNSTIGE WASSERSTOFFAUTOS WARTEN?

Wasserstoff ist das Grundelement des Universums und der perfekte Energiespeicher. Wir befinden uns am Beginn der dritten Industriellen Revolution.« Der das gesagt hat, ist Jeremy Rifkin, einer der renommiertesten US-amerikanischen Ökonomen und seit seinem Buch *The Hydrogen Economy* aus dem Jahr 2002 einer der profiliertesten Visionäre einer Wasserstoffwirtschaft, die seiner Ansicht nach die Abhängigkeit der Menschheit vom Erdöl mildert.

In komprimiertem Zustand weist Wasserstoff zunächst eine höhere Energiedichte auf, als das in Batterien der Fall ist, und lässt sich zudem abfüllen und transportieren. Infolgedessen sind mit Wasserstoff hohe Erwartungen hinsichtlich der künftigen Nutzung bei der Energieproduktion und bei verschiedensten weiteren Anwendungen verknüpft. Brennstoffzellenfahrzeuge produzieren beispielsweise mit Wasserstoff ihre eigene Antriebselektrizität. Gleich hier sei aber gesagt, dass der Wirkungsgrad dieser Energie, also das, was tatsächlich auf der Straße ankommt, deutlich geringer ist als bei Batteriestrom.

In einer solchen Brennstoffzelle reagiert ein Brennstoff wie zum Beispiel Wasserstoff mit Sauerstoff und es entstehen Strom, Wärme und Wasser. Dies ist eine sehr effiziente elektrochemische Reaktion, mit der man seit Langem relativ leicht zum Beispiel Elektromotoren betreibt.

Brennstoffzelle: Power für den Elektromotor.

Erfunden wurde das Prinzip bereits im 19. Jahrhundert, seit den 50er-Jahren des 20. Jahrhunderts wird es industriell eingesetzt. Dazu muss man wissen, dass es verschiedene Wege gibt, Wasserstoff herzustellen, die alle recht aufwendig sind, abhängig vom erforderlichen Reinheitsgrad des benötigten Wasserstoffs. Industriell für große Maschinen genutzter Wasserstoff wird seit Langem aus Erdgas produziert – wie Erdöl ein fossiler Brennstoff mit endlichen Ressourcen. Aus Erdgas gewinnt man den sogenannten »grauen« Wasserstoff, der so hergestellt natürlich auch große Mengen klimaschädliches CO_2 verursacht. Immer noch 95 Prozent des heute genutzten Wasserstoffs entstehen so! Als klimafreundlicher gelten der sogenannte »blaue« sowie der »türkise« Wasserstoff, bei dessen Produktion ebenfalls CO_2 entsteht, das aber nicht in die Umwelt entweichen kann.

Wirklich klimaneutral ist allein der sogenannte »grüne« Wasserstoff, der durch die Elektrolyse, also die Zerlegung von Wasser in Wasserstoff und Sauerstoff, hergestellt wird. Das ist technisch aufwendig und benötigt Strom, der natürlich ebenfalls aus erneuerbaren Energien kommen muss und dann komplett CO_2-frei ist.

Man kann auch Atomstrom für die Elektrolyse einsetzen: Die Europäische Kommission betrachtet Wasserstoff, der so erzeugt wurde, als CO_2-arm. Es gibt Länder, die modernen Atomkraftwerken freundlicher gegenüberstehen: Frankreich zum Beispiel hat angekündigt, bei der Definition von sauberem, grünem Wasserstoff eine andere, aus deren Sicht liberalere Einstellung dazu einnehmen zu wollen. Die hat Japan schon: Ungeachtet der Katastrophe von Fukushima hält man dort an der Atomkraft fest. Um den Plan, das Land bis 2050 komplett klimaneutral zu machen, einhalten zu können, betrachtet die Regierung dort die Atomenergie sogar als umweltfreundlich – eine Position, die weder in der Welt und auch nicht von allen Japanern geteilt wird. Auch Forschungsansätze, nach denen bei einer bestimmten Anzahl einer neuen Generation von Kleinstreaktoren atomare Risiken beherrschbarer bleiben, werden mancherorts verfolgt, sie bleiben aber umstritten.

Wasserstoffautos, jedenfalls Wasserstoff-PKW, sind ebenso »reine Elektrofahrzeuge« wie batteriebetriebene. Ungeachtet aller Diskussionen gibt es auf dem Weltmarkt bereits zwei erwähnenswerte Elektroautos, die durch Brennstoffzellen angetrieben werden:

Das Ergebnis aus 20 Jahren Wasserstoff-Forschung bei Toyota, dem größten Automobilproduzenten der Welt, ist der Mirai (das ist das japanische Wort für »Zukunft«), der eine neue Ära einläutete: Er ist ein reines Brennstoffzellenfahrzeug, das in einer Brennstoffzellen-Einheit aus der Reaktion von Wasserstoff und Luftsauerstoff kontinuierlich elektrische Energie für den Antrieb generiert. Der Wasserstoff des Mirai wird unter hohem Druck von bis zu 700 bar in zwei kompakten, extrem widerstands-fähigen Tanks mit einer Kohlefaser-Außenschale gespeichert. Die Tanks mussten sich im kalten Norden Finnlands ebenso bewähren wie in der Hitze von Südspanien und wurden sogar mit Hochgeschwindigkeits-Projektilen beschossen. Auch die Herstellung des Mirai selbst ist nachhaltig und effektiv, so wird zum Beispiel die eigene Abwärme des Werks wieder zur Produktion genutzt, das Ökosystem rund um die Werke gestärkt und das Fahrzeug nach Toyota-Angaben so energieschonend wie möglich gefertigt.

Der Hyundai-Konzern hat ebenfalls große Wasserstoff-Erfahrung: Nach einer Reihe von Versuchsfahrzeugen und einer ersten Kleinserie des Mini-SUV iX35 gibt es heute das Modell Nexo, das mit batteriebetriebenen Produkten konkurriert. Vollgetankt mit flüssigem Wasserstoff schafft der Nexo nach Herstellerangaben im Alltagsbetrieb rund 600 Kilometer und puffert in der Stadt die Rekuperationsenergie in eine kleine Hochleistungsbatterie mit 1,56 kWh Kapazität und spart dadurch weiter Strom. Drei crashsichere Drucktanks nehmen hier den flüssigen Wasserstoff auf – insgesamt sind es 156 Liter, die gut 6 Kilo wiegen. Die Tanks sind mit einer fast 5 Zentimeter dicken Hülle aus Glasfaserverbundstoff und mit diversen Ventilen gesichert, um jede Gefahr für die Nutzer, auch im Fall eines Unfalls, auszuschließen.

Beide Fahrzeuge, Mirai und Nexo, erfüllen alle Standards heutiger Luxusautomobile – der Tankvorgang bei ihnen dauert mit einem Minimum an Übung etwa fünf Minuten. Rechnen sollte man auf großer Fahrt allerdings dennoch können, denn Wasserstoff ist zwar prinzipiell preiswerter als Benzin und möglicherweise auch als Strom, wenn es aber gerade keinen gibt, kann er teuer werden: Der Autor dieser Zeilen wohnt in Hamburg, einer Großstadt, in der es im Jahr 2021 nur vier von 91 deutschen Wasserstofftankstellen gibt – Tendenz nur sehr langsam steigend. Wenn dann, wie geschehen, von diesen vier Tankstellen zwei gerade ein Systemupdate erhalten und eine weitere einen Defekt hat, dann wird es eng. Immerhin konnte ich an dieser Tankstelle mit dem Tankwart über meinen Testwagen fachsimpeln, gleichgesinnte Autofahrer trifft man dort noch nicht so oft.

Das Tankstellennetz für Wasserstoff in Deutschland, aber auch anderswo, ist deshalb noch so dürftig, weil die Herstellung relativ reinen Wasserstoffs, wie er für die PKWs gebraucht wird, und der Transport zu den Tankstellen doch einen erheblichen Aufwand bedeutet. Das heißt, auf dem Weg zu einer wasserstoffbasierten Mobilität gibt es auch viele Hindernisse und Rückschritte: Nötig wäre natürlich ein möglichst großes Netz aus Wasserstofftankstellen. Zwar ließen sich Bestandstankstellen aufrüsten und die Versorgung mit Wasserstoff könnte dabei direkt von einer Pipeline oder durch Anlieferung mittels Sattelschlepper erfolgen – das würde aber ökologisch nur Sinn machen, wenn diese Sattelschlepper ebenfalls mit Wasserstoff unterwegs wären. Dann gilt es, den hohen Druck zu kontrollieren, unter dem flüssiger Wasserstoff gespeichert wird, auch beim Transport. Vor wenigen Jahren ist in Norwegen unter ungeklärten Umständen eine Wasserstofftankstelle explodiert, sodass die Betreiberfirma die anderen Tankstellen vorsorglich schloss und sogar Toyota und Hyundai einige Tage lang keine weiteren Wasserstofffahrzeuge mehr auslieferten. Nur wenige Tage nach diesem Vorfall zogen die zwischenzeitlich abgestürzten Wasserstoff-Aktien wieder an – der Glaube an die Technologie war zurückgekehrt.

Dennoch: Der derzeit noch sehr hohe Energieverbrauch bei der Herstellung und der zwar potenziell hohe, aber schwer beherrschbare Wirkungsgrad von Wasserstoff machen seinen ökologischen Nutzen nicht für jede Anwendung sinnvoll.

Für die Schwerlast würde es leichter funktionieren: Lastwagen, Schiffe und sogar Flugzeuge könnten mit ausgefeilten Hybrid-Systemen ökologischer gemacht werden: Meist hätten sie dann Verbrennungsmotoren, die nicht Diesel, sondern Wasserstoff verbrennen. Diese Motoren könnten annähernd so umweltfreundlich sein wie Brennstoffzellen, aber mit flüssigem Wasserstoff eines viel geringeren Reinheitsgrades auskommen. Das würde wesentlich leichteres Speichern und einfachere Transportmöglichkeiten erleichtern. Deswegen gibt es aus Dänemark und Norwegen den Plan, ab 2027 eine erste Fährverbindung mit einer rein wasserstoffgetriebenen Fähre zu betreiben. Auch alle großen LKW-Hersteller arbeiten hier an einer Reihe von Lösungen.

Wasserstoff: Gut für Schwertransporte.

Die dritte »Industrielle Revolution« mit Wasserstoff ist zwar möglich, wird sich aber womöglich noch einige Jahre hinziehen. Die Politik hat den Wasserstoff für Privatautos jedenfalls als Alternative für Benzinmotoren nicht im Sinn, selbst die Wasserstoff-Pioniere Toyota und Hyundai wissen, dass sie mit Nexo und Mirai heute nur eine Nische bedienen – bei beiden stehen im nächsten Jahrzehnt vor allem batteriebetriebene Autos auf der Agenda.

KAPITEL 10

SIND NICHT AUTOS GENERELL AUSLAUFMODELLE?

Jegliche Mobilität verändert sich in diesen Jahren dramatisch. Die Globalisierung, die Digitalisierung, der Klimawandel und nicht zuletzt das Coronavirus machen ein Neudenken über Möglichkeiten des menschlichen Fortbewegungsdrangs unerlässlich. Erlauben Sie mir bitte hier ein paar Überlegungen, die über den Besitz eines eigenen Autos hinausgehen.

Vor 7000 Jahren erfanden wir Menschen das Rad. Zuerst gab es Wege für Karren und Kutschen, die Industrielle Revolution brachte uns Städte und immer mehr Fahrzeuge – am Ende mussten die Straßen breiter werden: 12, 16 oder noch mehr Spuren sind in den Big Citys keine Seltenheit, obwohl ein Großteil des Nahverkehrs sich längst auf Schienen, unter der Erde und in naher Zukunft zusätzlich im Luftraum abspielt. In nur 100 Jahren ist die Mobilität explodiert – mit der Prognose einer bald folgenden Implosion, denn es ist nur eine Frage weniger Jahrzehnte, bis sämtliche Ressourcen aufgebraucht, das Weltklima zerstört, die Folgen für den Planeten verheerend sind.

Schnelle Schubumkehr ist angesagt – mit Vollgas, um in der Autosprache zu bleiben. Nicht nur weil Greta und ihre Freund:innen jeden Freitag fürs Klima demonstrieren und viele Menschen wieder aufs Land fliehen, bauen viele Städte selbst ihre breiten Straßen wieder zurück: Wo früher Asphalt war, gibt es wieder Fußgängerzonen und Grünstreifen, gedeckelte und bewachsene Autobahnstreifen. Wenn schon fahren, dann sauber, ist die Devise. Aber müssen wir überhaupt immer fahren, brauchen wir immer ein eigenes Auto oder überhaupt Autos?

Die wichtigste Sofort-Maßnahme von allen ist simpel, jeder kann dazu beitragen: weniger Auto fahren. Die Digitalisierung bringt viele von uns ins Homeoffice, virtuelle Welten ersetzen Reiseerlebnisse, Kurztrips sind ohnehin auf den schönen neuen Wegen besser mit dem Fahrrad oder dem E-Bike zu absolvieren. Und wer dennoch fährt, entweder weil er es liebt oder weil er es muss, hat vielleicht bald kein eigenes Auto mehr und teilt seine Touren mit anderen Menschen. Der öffentliche Nahverkehr, wenigstens der auf der Schiene, oder ein für Stunden oder Tage geliehenes Elektroauto sind ja schon weitgehend klimaneutral.

Ja, Auto-Besitzen war gestern. Heute wird geteilt!

Aber würden auch Sie die Autoschlüssel Ihres nagelneuen Elektroautos Ihren Freunden in die Hand drücken, wenigstens dann, wenn Sie es selbst nicht brauchen? Ihr Statussymbol, Liebhaberobjekt, Identifikationsmerkmal? Und geht es Ihnen wirklich darum, nachhaltig preiswert und überhaupt von A nach B zu gelangen? Warum soll es das Höchste der Gefühle sein, sich durch die City zu quälen und zu beten, dass der Stau bald vorüber ist? – Das sind Fragen, die jeder für sich selbst beantworten muss.

In riesigen überfüllten Innenstädten mit verpesteter Luft und hoffentlich bald noch besser reguliertem Individualverkehr bemühen viele Menschen inzwischen Apps von Carsharing-Diensten, um dem ursprünglichen Zweck der Mobilität wieder näherzukommen. Ein Veteran dieser »Sharing Community« ist die Daimler-Marke smart, die seit 2009 stationsunabhängiges Carsharing betreibt. car2go hieß das damals, zehn Jahre später haben sie sich mit dem zweitgrößten Anbieter, der BMW-Sharing-Flotte von DriveNow, zusammengetan und bieten als »ShareNow« inzwischen in acht Ländern Millionen Mitgliedern bereits über 20 000 Autos an. smart wird bald sämtliche Verbrennermodelle durch elektrische Antriebe ersetzt haben, bei 160 Kilometern elektrischer Reichweite kommt man also ganz ohne lokale CO_2-Emissionen aus. Das »WeShare«-Konzept von Volkswagen operiert ebenfalls schon mit einer großen Flotte von e-Golf- und ID.3-Fahrzeugen. Diese Fahrzeuge werden übrigens nicht nur von Herstellern zum Sharing angeboten, seit 2016 ermöglicht es »ready to share« auch Privatpersonen, ihre Fahrzeuge einfach, sicher und unkompliziert zur Verfügung zu stellen, um damit die Umwelt zu entlasten und einen Teil ihrer Kosten zu refinanzieren. Und obwohl einige Menschen sich noch schwer mit der analogen Nutzung eines am Ende digitalen Angebots über eine App tun: Carsharing-Fahrzeuge ersetzen schon heute drei bis acht private PKW in der Stadt und werden wesentlich öfter genutzt als diese. Zusätzlich trägt das Auto-Teilen zur Weiterverbreitung der Elektromobilität bei. In urbanen Räumen finden so Menschen wieder zum Auto, die das Autofahren in der Großstadt längst aufgegeben hatten. Im Verbund mit öffentlichen Verkehrsmitteln wie U-Bahnen für eine längere Strecke beispielsweise zum Airport oder mit elektrischen Leihrädern für eine Kurzstrecke macht das besonders viel Sinn.

Die Pandemie verhalf dem Homeoffice zum endgültigen Durchbruch und erbrachte den Beweis, dass viele Wege gar nicht erst gefahren werden müssen. Doch die Autonutzung nahm in dieser Zeit nicht ab, sondern zu, denn die urbanen Menschen wollten oder mussten mobil sein. In vielen Situationen ging es nicht anders, pandemiebedingt wurden die »Öffentlichen« zudem eine Zeit lang gemieden.

Zum Schluss noch ein wenig Zukunftsmusik: Überall dort, wo die Straße als Transportweg nicht mehr ausreicht, wo neue Antriebe, autonome Konzepte, U- oder Magnetschwebebahnen oder E-Bikes und Scooter für Straßen und Wege nicht hilfreich sind, bleibt nur der Luftraum – der allerdings auch nicht mit CO_2-Emissionen belastet werden darf. Hier setzt eine deutsche Firma an: Die Volocopter GmbH bringt das weltweit erste skalierbare »Urban Air Mobility Business« für erschwingliche und nachhaltige Flug-Services in die Metropolen der Welt. Was sich wie ein verrückter Science-Fiction-Traum anhört, ist die Vision eines deutschen Start-ups, in das inzwischen viele Weltfirmen investiert haben, darunter Daimler,

Geely, Intel Capital und Japan Airlines. Ihr im Moment noch zweisitziges, vollelektrisches Flugtaxi ist ausentwickelt, als Prototyp gebaut und hat schon viele Testflüge hinter sich.

In naher Zukunft: Elektrisches Lufttaxi.

Anfang 2021 verkündete die Firma stolz, dass die amerikanische Flugaufsichtsbehörde den Antrag auf Zulassung eines Flugtaxidienstes angenommen hat und damit die Wahrscheinlichkeit für einen kommerziellen Start binnen der nächsten drei Jahre stark gestiegen ist. Vielleicht geht es damit also bald los, erst in Singapur, dann in Paris, später bei uns. Ich persönlich kann es mir nicht vorstellen, jedenfalls nicht als Verkehrsmittel für eine große Anzahl von Menschen. Elon Musk ist da gedanklich schon weiter: »Kein Witz. Wir packen von SpaceX ein Kaltgas-Raketentriebwerk mit Hochdruckluft in einen entsprechenden Tank anstelle der Rücksitze und bringen damit das Auto zum Fliegen.« – Musk, dank seiner Tesla-Marktkapitalisierung inzwischen einer der reichsten Menschen des Planeten, ist überzeugt, dass sowohl die Software seiner E-Autos, deren Ladeinfrastruktur und schließlich die von ihm weiterentwickelten und (unter anderem bald im deutschen Brandenburg produzierten) Batteriesysteme in absehbarer Zeit Einzug in die Luft halten werden. Das sieht auch die US-Raumfahrtbehörde NASA so. Sie hat kürzlich prognostiziert, dass der Markt für urbane Luftmobilität allein in den USA über ein Marktpotenzial von knapp einer halben Billion Euro verfügt.

In Erprobung: Van mit E-Motor, voll autonom.

Bis es allerdings so weit ist, bleibt zu hoffen, dass viele Menschen, Geschäftsleute und Politiker das Ganzheitliche der Veränderungen, die in den nächsten Jahrzehnten auf uns zukommen werden, auch erkennen: Die Überlegungen zu Klimawandel und Elektromobilität sind nur sinnig, wenn man auch den digitalen Wandel miteinbezieht. In der Energie- und Mobilitätseffizienz liegen im Moment die größten Möglichkeiten für die Menschheit, den Klimawandel abzuwehren. Die Menschheit allerdings muss mitziehen und zu einer neuen Einstellung gelangen: Ein »Weiter So« – also einfach nach zwei Jahren den nächsten Wagen kaufen und darauf zu vertrauen, dass neue Technologien unsere Probleme schon richten werden – wird nicht funktionieren.

In der Zukunft anzukommen, heißt am Ende, für sich selbst etwas zu verändern.

TEIL II

DIE 50 BESTEN
ELEKTROAUTOS VON A – Z

LEISTUNG, REICHWEITE, PREIS

Hier die wichtigsten in Deutschland lieferbaren Elektroautos in alphabetischer Reihenfolge mit ihren Leistungsdaten sowie einer Bewertung der Redaktion der Fachzeitschrift *arrive*.

arrive – Das Automagazin für die Mobilität der Zukunft hat vor einigen Jahren ein Bewertungssystem für E-Fahrzeuge eingeführt, bei dem besonders empfehlenswerte Fahrzeuge ein oder mehrere Ausrufezeichen erhalten. Die Ausrufezeichen in den nun folgenden jeweiligen Auto-Kurzporträt-Texten bedeuten:

! = sehr gute Bewertung

!! = außergewöhnlich gute Bewertung

!!! = außergewöhnlich gute Bewertung und Top-Preis-Leistungsverhältnis

»n. n.« bedeutet »noch nicht bewertet«.

Ein Hinweis: Viele der Fahrzeuge sind in mehreren Motorisierungen lieferbar – ich stelle hier nur die jeweils getestete vor. (Stand: Mitte 2021)

AUDI E-TRON

STROM-HAMMER

Im Herbst 2018 hatte Audi sein E-Car-Erweckungserlebnis – da wurde nämlich der erste e-tron vorgestellt, der Namensgeber für eine inzwischen lange Liste von elektrifizierten Modellen der VW-Tochter und Luxusmarke aus Ingolstadt. Vom Ur-e-tron mit 313 PS über den e-tron 55 Quattro mit 408 PS bis zum e-tron S mit 503 PS ist alles dabei. Bis Mitte 2021 waren schon über 100 000 Fahrzeuge produziert, die Strategie von Audi-Chef Duesmann ging auf: Die Fahrzeuge sind zwar teuer, bringen der Marke aber einiges an Renommee zurück, was in den Jahren zuvor verloren gegangen war. Audi liegt sehr weit vorne in der Entwicklung elektronischer Assistenzsysteme. Von der Fachpresse sehr gelobt wird auch immer wieder die Energierückgewinnungsfunktion (Rekuperation) der Fahrzeuge.

Leistung	313 PS
Batterie	71 kWh
Reichweite	bis 345 km
Preis	ab 69 551 Euro
arrive-Wertung	!!

AUDI E-TRON GT UND RS

ELEKTRO-EMOTIONEN

Was bei Porsche der Taycan ist, ist bei Audi der e-tron GT. Zwei elektronisch gesteuerte Synchron-Elektromotoren, einer an jeder Achse, bringen den fast zweieinhalb Tonnen schweren Sportwagen mit einem fetten 93,4 kWh-Akku auf eine Reichweite von beinahe 500 Kilometern und erzeugen damit Emotionen pur. Seine 476 PS sind erst der Einstieg – es gibt ja noch die Rennsportausführung RS für Kunden, die am Wochenende auch mal die Nordschleife am Nürburgring buchen: 646 PS lassen dann keine Wünsche offen, und bei 140 000 Euro geht bei dieser Ausführung der Spaß auch erst los. Allzu viel Luxus darf man nicht erwarten, Purismus ist angesagt. Nur da, wo es zu Benzin-Zeiten bollerte, wird jetzt getrickst: Jeweils zwei Innen- und Außenlautsprecher sorgen dafür, dass auch Akustik-Fans auf ihre Kosten kommen.

Leistung	476 PS
Batterie	93,4 kWh
Reichweite	475 km
Preis	ab 99 800 Euro
arrive-Wertung	!!!

BMW I3

FIRST-MOVER

Unter den populären Elektroautos war er einer der ersten, der in nennenswerten Stückzahlen gebaut wurde (über 20 000 inzwischen), vor allem aber ist er der erste »echte« Elektrowagen und nicht etwa ein Benziner mit Elektrifizierung: Motor, Karosserie, Akku wurden eigens konstruiert, kein Teil von einem anderen Fahrzeug übernommen. Das Design polarisierte anfangs, der vegane Innenraum ebenso: Viele kritisierten die eigenwillige Form, in Wahrheit ist sie längst ikonisch. Das ist auch der Grund, warum BMW das in der Herstellung sehr teure Auto nicht etwa wie vor einigen Jahren geplant einstellte, sondern sogar weiterentwickelte und inzwischen eine Version anbietet, die deutlich über 300 Kilometer weit kommt. Nur das Hybrid-Modell mit dem kleinen Range-Extender-Motörchen gibt es nicht mehr.

Leistung	170 PS
Batterie	37,9 kWh
Reichweite	bis 345 km
Preis	ab 38 016 Euro
arrive-Wertung	!!

BMW IX3

ALLTERRAIN-MOVER

BMW ging von Anfang an einen anderen Weg bei der Elektrifizierung seines Programms als andere Hersteller, die eigens Plattform-Baukästen für ihre E-Fahrzeuge schufen. So sieht der iX3 dem klassischen x3 aus gutem Grund nicht unähnlich – denn Bewährtes wollte man hier äußerlich nicht stark verändern. Innen sieht es anders aus: Hier sorgen ein hocheffizienter E-Antrieb, bei dem Motor, Getriebe und Elektronik zu einer wartungsarmen Einheit verschmelzen, für Zukunftsmusik. Besonders interessant ist die regelbare Rekuperation, bei der sich die Intensität der Bremsenergie-Rückgewinnung mithilfe der Navigationsdaten und der Assistenzsysteme an den jeweiligen Verkehr in Echtzeit anpasst – entweder vollautomatisch oder fahrerbestimmt in drei Leistungsstufen.

Leistung	286 PS
Batterie	80 kWh
Reichweite	bis 459 km
Preis	ab 66 300 Euro
arrive-Wertung	!!

CITROËN AMI

STADT-ZWERG

Das ist doch mal was anderes! Ja, der winzige Ami, übersetzt heißt das »Freund«, ist im Grunde alles, was man in einer Metropole braucht, wenn man schon unbedingt mit dem Auto unterwegs sein will: minimaler Parkraum, schnell genug allemal, immer ein Dach über dem Kopf, Platz für die nötigsten Einkäufe und ein Preis wie zwei E-Bikes. Und in der Stadt, aber leider nur dort, macht der Wagen Spaß. Darüber hinaus würde man sich weitere Features wünschen, möglicherweise besonders im Sicherheitsbereich. Denn ein Auto ohne jede Knautschzone, Airbags und das eine oder andere elektronische Helferlein ist nicht mehr ganz zeitgemäß, so umweltfreundlich der Antrieb sein mag.

Leistung	9 PS
Batterie	5,5 kWh
Reichweite	bis 75 km
Preis	ab 6000 Euro
arrive-Wertung	!

CITROËN ËC4

E-INDIVIDUALIST

Heutzutage ist Citroën Bestandteil des Weltkonzerns Stellantis, zu dem inzwischen so bekannte Marken wie Peugeot, Opel und seit Kurzem auch Fiat und Chrysler gehören. Das garantiert eine wirtschaftliche Plattform-Basis, verhindert aber nicht individuelles Design, wie der ëC4 beweist: An vielen Details der Karosserie und im Innenraum zeigt er eine erfrischende Andersartigkeit, die die Marke immer schon auszeichnete und die man nur begreift, wenn man ihn einmal selbst gefahren hat. Wichtigster nicht sichtbarer Unterschied zu den Konzern-Kollegen ist seine außergewöhnliche Dämmung, er ist nämlich nach Ansicht einiger Autotester noch ein wenig leiser als andere E-Fahrzeuge.

Leistung	136 PS
Batterie	50 kWh
Reichweite	bis 350 km
Preis	ab 34 000 Euro
arrive-Wertung	!!

DACIA SPRING ELECTRIC

SPAR-BRÖTCHEN

Dacia gilt vielen als Billig-Marke des Renault-Konzerns. Das stimmt, aber wenn billig preiswert und preiswert etwas Positives ist – dann sind wir wieder bei Dacia angelangt. Was da im Kleid eines elektrischen Mini-SUV ab sensationellen 15 000 Euro daherkommt, ist durchaus sehenswert. Magere 44 PS zwar nur, aber hey, für die City ist das mehr als genug; der Sprint von 0 auf 100 ist sogar in 7,3 Sekunden drin und 125 km/h Highspeed reichen doch auch. Und wenn sich die WLTP-Reichweite von knapp 300 Kilometern wie vom Hersteller angesagt auch nur annähernd bestätigt, dann kann man dafür auch den Eco-Modus in Kauf nehmen, der die Leistung nochmals reduziert. Ein echtes »Weniger ist mehr«-Auto.

Leistung	44 PS
Batterie	26,8 kWh
Reichweite	bis 295 km
Preis ab	15 000 Euro
arrive-Wertung	!

DS3 CROSSBACK E-TENSE

EDEL-CROSSOVER

Auch Citroën hat eine Edelmarke: Sie heißt DS3 und rundet das Programm der individuellen Design-Ikonen nach seinen klassischen Gangsterlimousinen, Enten und Haifischautos nach oben ab – natürlich auch elektrisch. So ist der DS3 Crossback E-Tense vor allem ein Statement der Stille, denn er verkapselt den bekannten 136-PS-Elektromotor, der bei vielen Fahrzeugen des Stellantis-Konzerns verbaut wird, noch mal eine Nummer sicherer und ruhiger und sorgt für ein wirklich souveränes Fahrerlebnis, das naturgemäß nicht billig, aber seinen Preis dennoch wert ist.

Die Premium-Marke DS lässt seine Kunden aus zehn Lackierungen, drei Dachfarben und vier Innenraumwelten auswählen, mehr Individualisierung geht nur noch im Custom-Bereich.

Leistung	136 PS
Batterie	50 kWh
Reichweite	bis 320 km
Preis	ab 37 490 Euro
arrive-Wertung	!!

FIAT 500 E

KNUTSCH-KUGEL

Eine Automobilikone wird elektrisch! Seit 65 Jahren fährt der Kleine durch Roms enge Gassen und ist eines der markantesten Wahrzeichen der Mobilitäts-Geschichte geworden. Schon bevor er jetzt durch seine Hersteller offiziell elektrifiziert wurde, gab es unzählige Eigenbauten mit E-Motor – die Form schrie quasi danach. Jetzt aber wackelt nichts mehr, macht auch keinen Lärm mehr, hat 95 PS und kommt mit der 23,8 kWh-Batterie knapp 200 Kilometer weit – und das zu einem äußerst attraktiven Preis. Das ideale elektrische Zweitauto für die City! Wem das nicht reicht, der greift zur 42-kWh-Version, die schafft 320 Kilometer und mehr.

Leistung	95 PS
Batterie	23,8 kWh
Reichweite	bis 180 km
Preis	ab 22 945 Euro
arrive-Wertung	!!

FORD MUSTANG MACH-E

RENN-PFERD

Eine echte Auto-Legende wurde hier elektrifiziert – und das, obwohl die meisten Interessenten des »Mach-E« von heute das Original vermutlich gar nicht kennen: Der Mustang von 1964 begründete den Mythos, der »Fastback« von 1967 mit seinem legendären »Fließheck«, wie so etwas bei uns früher genannt wurde, stand offenbar Pate für ein durch und durch emotionales Elektroauto von Ford USA – eine Firma, die sich im E-Sektor zuvor nicht gerade große Meriten verdient hat. Der amerikanische Mach-E ist groß wie ein SUV mit seinen 4,71 Metern, er transportiert fünf Personen auf Wunsch bequem und konkurriert angeblich tatsächlich mit Branchengrößen wie Audi e-tron, Tesla S oder dem Basis-Taycan. In vielen Details kann er mit denen allerdings nicht mithalten, dafür spielt er preislich auch in einer anderen Liga: Knapp über 50 000 Euro für so viel automobiles Gefühl sind am Ende angemessen.

Leistung	280 PS
Batterie	75,7 kWh
Reichweite	bis 420 km
Preis	ab 54 000 Euro
arrive-Wertung	!

HONDA E

CITY-STAR

Immer mal wieder wurde spekuliert, wie das Apple-Auto aussehen könnte, wenn es denn irgendwann herauskommt. – Irgendwie passt der knuffige Honda in dieses Denkschema: völlig neues Design, im Retrostil zwar, aber eindeutig ein softwaregetriebenes Konzept, mit ungefähr neun verschiedenen Bildschirmen am Armaturenbrett für jede erdenkliche Information, die man auch zusammenschalten kann, um in einem autobreiten Aquarium virtuelle Fische vorbeischwimmen zu sehen – grandios! Die Stille, in der man fährt, die Motorhauben-Top-Ladefunktion und viele weitere Details bieten die Anmutung des essenziellen Elektrofahrzeugs für die City. Kleingeister bemängeln hier wie bei manchem Smartphone eine etwas schwache Batterie und den für die Innovationsfülle aber angemessen hohen Preis.

Leistung	136 PS
Batterie	35,5 kWh
Reichweite	bis 222 km
Preis	ab 32 996 Euro
arrive-Wertung	!!

HYUNDAI IONIQ 5

BAHN-BRECHER

Ioniq ist die neue Submarke von Hyundai allein für die Elektrofahrzeuge. Der Ioniq 5 fährt seit dem Sommer 2021 auf deutschen Straßen. Mit seinem 800-Volt-Strom-System, das zu dieser Zeit nur sein baugleicher Konzernbruder Kia EV6, der Porsche Taycan und dessen Konzernbruder Audi e-tron GT haben, kann man zur Not gleich noch sein E-Bike mit aufladen oder an der Autobahn an einer geeigneten Ladesäule von 10 auf 80 Prozent in nur 18 Minuten nachladen – das sind Benziner-Werte. Der in der Basisversion gar nicht so teure Wagen sieht zudem sehr modern aus und fährt sich entsprechend. Sein Cockpit ist aus der Zukunft und die Fahrleistungen des über 300 PS starken Spitzenmodells AWD sind sicher besser als in Zukunft erlaubt: 0 auf 100 in 5 Sekunden, Spitze fast 190. Großer Wurf!

Leistung	170 PS
Batterie	58 kWh
Reichweite	bis 480 km
Preis	ab 34 458 Euro
arrive-Wertung	!!

HYUNDAI IONIQ ELEKTRO

UR-VOGEL

Aus Südkorea kam schon früh die Botschaft, dass man in der Lage sei, vernünftige E-Autos zu bauen. Der Ioniq ist kein einfacher Umbau eines Benziners – er ist der erste Hyundai, der eigens fürs sanfte Gleiten mit Elektromotor konstruiert wurde. Entsprechend gut geriet die zweite Generation, die 2020 auf den Markt kam, und entsprechend klar ist auch die Botschaft an die Zukunft: In Zukunft sollen alle elektrifizierten Fahrzeuge des Konzerns Ioniq heißen, als neue Marke stehen sie für fortschrittliches Automobildesign und vor allem für eine Preisgestaltung, an der Europa zu knabbern hat. Eine Fahrt im Ioniq Elektro ist alles andere als retro.

Leistung	136 PS
Batterie	38,3 kWh
Reichweite	bis 311 km
Preis	ab 35 350 Euro
arrive-Wertung	!

HYUNDAI KONA ELEKTRO

REICHWEITEN-KNALLER

Inzwischen ebenfalls zu den frühen E-Fahrzeugen der Marke Hyundai zählt der Kona-Elektro, der sich eine Plattform mit einem Benzin-Bruder und einem Plug-in-Hybrid-Modell teilt. Der Kona-Elektro ist zu Recht ein Bestseller, denn mit dem inzwischen mehr als bewährten 204-PS-Elektroaggregat aus Koreas Ideenschmiede lässt sich richtig viel anfangen und vor allem weit kommen. Mit der Familie von Hamburg in die Alpen und zurück? Kein Problem, wie die entsprechenden Reportagen in den Fachzeitschriften berichten. Hyundai selbst stellte unter Laborbedingungen einen tollen, aber praxisfernen Rekord auf, bei dem ein serienmäßiger Kona Elektro mit Durchschnittstempo um rund 30 km/h auf einer Rennstrecke die 1000-Kilometer-Marke knackte – mit nur einer Batteriefüllung.

Leistung	204 PS
Batterie	64 kWh
Reichweite	bis 499 km
Preis	ab 33 971 Euro
arrive-Wertung	!!

HYUNDAI NEXO

LAUF-WUNDER

In den Laboren von Südkorea werkeln die Ingenieure seit fast 30 Jahren an wasserstoffgetriebenen Fahrzeugen, mit dem ix35 Fuel Cell kam der erste bereits 2013 auf den Markt – ein Meilenstein.

2018 erschien dann mit dem Nexo ein Stückchen Science-Fiction auf dem Weltmarkt. Die fast 800 Kilometern Reichweite dieses durchdachten, souveränen, aber auch nicht preiswerten Fahrzeuges wird eigentlich nur von einem für diese Fahrzeuge viel zu dürftigen Tankstellennetz gebremst.

Der Diktion folgend, dass Brennstoffzellen aufgrund der etwas aufwendigeren Wasserstoffproduktion in näherer Zukunft eher in Nutzfahrzeugen an Industriestandorten verbaut werden, lässt sich sagen: Wer hier zuschlägt, ist in der Regel viel unterwegs – und das kann er mit gutem Umweltgewissen weiter tun.

Leistung	163 PS
Antrieb	Brennstoffzelle
Reichweite	bis 756 km
Preis	ab 79 000 Euro
arrive-Wertung	!!

JAGUAR I-PACE

RAUB-KATZE

Eine Traditionsfirma, die so viele Ikonen mit Verbrennermotoren hervorgebracht hat wie Jaguar, in die Welt der Elektrifizierung zu transformieren, ist nicht einfach. Umso erwähnenswerter ist, mit welcher Konsequenz die Briten, die heute vom indischen Tata-Konzern aus gelenkt werden, hier vorgingen: Nicht nur, dass sie mit dem I-Pace ein veritables und auch von der Konkurrenz neidlos anerkanntes E-Auto hinlegten, sondern auch die Tatsache, dass sie im gleichen Atemzug die Renntradition der Marke in der elektrischen Formel E höchstprofessionell fortsetzten, ist bemerkenswert. Zwei Jahre lang gab es im Beiprogramm der Formel-E-Rennserie sogar die i-Pace E-Trophy, in der ausschließlich baugleiche Jaguar-Fahrzeuge gegeneinander antraten – die Corona-Pandemie beendete diese Gehversuche leider. Der i-Pace erlebte Anfang 2021 ein Facelift und bleibt eines der faszinierendsten und spurtstärksten E-Fahrzeuge am Markt.

Leistung	400 PS
Batterie	90 kWh
Reichweite	bis 470 km
Preis	ab 75 351 Euro
arrive-Wertung	!!

KIA E-NIRO

UNIVERSAL-GENIE

Er mag vergleichsweise unscheinbar ausschauen, doch er ist es nicht: Der zum Reichweitenwunder Hyundai Kona Elektro baugleiche Kia e-Niro ist ein wahres Universal-Genie. Fast-SUV-Maße, ein mehr als komfortables Fahrwerk, alle relevanten Assistenzsysteme bis hin zu einer für diese Preisklasse ungewöhnlichen Teilautonomie und vor allem der bewährte E-Motor mit der 64 kWh-Batterie … – viel mehr Elektroauto braucht eigentlich niemand. Und wer jetzt noch etwas skeptisch westliche Ingenieurskunst mit asiatischer vergleichen möchte, der wird schnell feststellen, dass solche Autos heute ohnehin Weltautos mit globalen Anklängen sind. Der Chefdesigner im Hyundai-Konzern mit Vorstandsposten ist ein Deutscher, er heißt Peter Schreyer und hat schon im VW-Konzern den populären Golf IV gezeichnet.

Leistung	204 PS
Batterie	64 kWh
Reichweite	bis 455 km
Preis	ab 38 105 Euro
arrive-Wertung	!!

KIA E-SOUL

SEELEN-WANDERER

Der Kia e-Soul ist seit seinem Erscheinen im Jahr 2008 eines der polarisierendsten Fahrzeuge überhaupt. Seine kastige Form, die so recht zu keiner Fahrzeuggattung gehören möchte, ist nicht jedermanns Sache, besonders sportlich ist er auch nicht, aber eben etwas für die Seele. Eine wunderbare Spielwiese für die Elektrifizierung im Hyundai-Konzern, zu dem Kia gehört, und mit dem neuesten Modell und damit dem Einsatz des 204 PS starken Konzernmotors ein echtes Erfolgserlebnis. Der Autor dieser Zeilen fährt dieses Auto privat und ist rundum zufrieden mit den Fahrleistungen, dem Komfort, der Reichweite von fast 500 Kilometern in der Stadt und über 300 auf der Autobahn bei flotter Fahrt. Zudem ist er größer, als er ausschaut, packt »ordentlich was weg« und hat in seiner 2020er-Version endlich den obligatorischen 3-Phasen-Lader für schnelleres Laden zum Beispiel zu Hause und zudem eine Anhängerkupplung, mit der man zwar noch kein Pferd oder Boot ziehen sollte, für eine Ladung e-Bikes reicht es aber allemal.

Leistung	204 PS
Batterie	64 kWh
Reichweite	bis 452 km
Preis	ab 33 133 Euro
arrive-Wertung	!!

KIA EV6

CHIC-SCHÖNLING

So wie sich im VW-Konzern Porsche und Audi eine Plattform für die großen Brüder teilen, sind es bei Hyundai der Ioniq 5 und der Kia EV6. Ebenfalls mit bärenstarken 800 Volt bringt der Kia 325 PS und eine 77,4 kWh-Batterie auf die Straße. Seine optionale Anhängerkupplung ist für deutlich mehr als für zwei E-Bikes gut, die er locker auch noch mit Ladestrom versorgen könnte. Er zieht bis zu 1,6 Tonnen Gewicht und gehört sowohl mit seinen Fahrleistungen als auch mit seinem coolen Aussehen zu jenen, die den Frühstartern am Markt, wie zum Beispiel Tesla, das Leben erschweren. Auch die Preisgestaltung ab 44 490 Euro und die erwartete rasche Lieferbarkeit tragen mit dazu bei, dass die Elektromobilität insgesamt gegenüber den Verbrennern weiterhin Boden gutmacht und die Frage aufwirft: Warum sollte man eigentlich noch ein Auto mit Verbrennungsmotor kaufen?

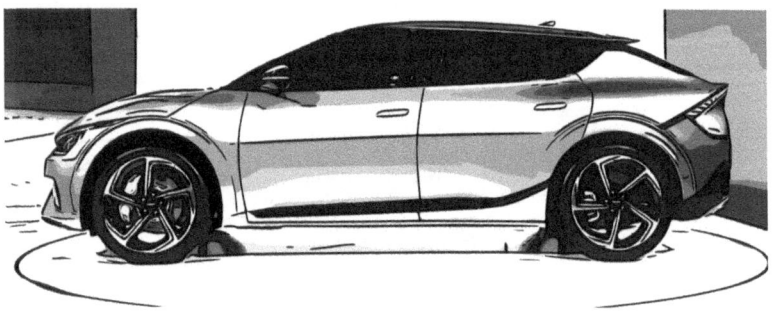

Leistung	325 PS
Batterie	77,4 kWh
Reichweite	bis 510 km
Preis	ab 44 490 Euro
arrive-Wertung	n. n.

LEXUS UX 300E

KOMFORT-STROMER

Toyota, zu dem die Marke Lexus gehört, ist die Weltfirma, die die Elektrifizierung ihrer Flotte erstmals auf ein wirtschaftlich interessantes Niveau gehoben hat und die die neue Zeit vom Start weg mehr als für Marketing nutzte. Der Toyota Prius war das Fahrzeug mit Hybrid-Motor, das die Zukunftstauglichkeit der Japaner und die Weltmarktführerschaft im Bereich der hybriden Automobilität unterstrich.

Dann kam eine Weile nichts. – Erst dem UX 300e von Toyotas Premiummarke Lexus ist es vergönnt, einen neuen Reigen rein elektrischer Fahrzeuge (mit ein paar rein japanischen Ausnahmen) zu eröffnen. Der UX 300e ist ein tolles Auto, das wirklich allen Ansprüchen der verwöhnten Lexus-Kundschaft gerecht wird. Und so sie nicht zu derjenigen Klientel gehören, die unentwegt lange Strecken zurücklegt, werden die Kunden mit der Reichweite von knapp 400 Kilometern absolut zufrieden sein.

Leistung	204 PS
Batterie	54,3 kWh
Reichweite	bis 400 km
Preis	ab 47 550 Euro
arrive-Wertung	!

MAZDA MX-30

WERT-HALTER

Ein vergleichsweise preiswerter automobiler Leckerbissen ist der kleine SUV Mazda MX-30, der gleich mit einem rein batterieelektrischen Antrieb vorgestellt wurde und in dessen Innenraum ausschließlich nachhaltige Materialien wie recycelte PET-Flaschen und sehr viel Kork verarbeitet wurden. Wie ernst Mazda es bei diesem Auto mit der Klimabilanz meint, sieht man an der Dimensionierung der Batterie, die nämlich nicht gleich 60 oder gar 70 kWh-Stunden »fett« ist, sondern nur 35,5 kWh. Mit dieser unbeschwerten Leichtigkeit des Seins und seinen 143 PS ist der MX-30 trotzdem ein sportliches und sehr nutzwertiges Auto vor allem für den Nahbereich. Rund 250 Kilometer Reichweite sind hier mehr als genug, im Übrigen auch der Grund für ein sehr hochwertiges Umweltauto zum vernünftigen Preis: Für gut 34 000 Euro abzüglich Förderung erhält man ein sehr gut ausgestattetes Fahrzeug.

Leistung	143 PS
Batterie	35,5 kWh
Reichweite	bis 262 km
Preis	ab 34 490 Euro
arrive-Wertung	!

MERCEDES EQA 250

MITTEL-KLASSE!

Alles, was das Durchstarten der Marke Mercedes in die Elektromobilität verhindert hat, hat die elektrifizierte A-Klasse jetzt zu bieten; so hilft sie mit, verloren gegangenes Terrain zurückzuerobern. Fast 500 Kilometer Reichweite, ein akzeptabler Preis, ein mehr als passables Design und schließlich die Möglichkeit, das Fahrzeug binnen 30 Minuten von 10 auf 80 Prozent an der Schnellladestation zu laden, sind schon mehr als der Standard, den der luxuriöse EQC zu bieten hat. Und wichtiger noch: Der EQA 250 ist nicht der Einzige seiner Klasse! Freunde des Stuttgarter Sterns haben nun wieder ein automobiles Zuhause und können wie gewohnt aus drei Leistungsstufen auswählen, Zubehörlisten studieren und dann wird es nicht anders sein als früher: Wer hier investiert, kann beim Wiederverkauf vermutlich auf einen höheren Wert setzen als Halter anderer Marken.

Leistung	190 PS
Batterie	66,5 kWh
Reichweite	bis 493 km
Preis	ab 47 540 Euro
arrive-Wertung	n. n.

MERCEDES EQB

SPÄT-EINSTEIGER

In den Startlöchern stand zur Drucklegung dieser Zeilen auch der EQB – ein vollelektrischer neuer Mercedes mit dem MBUX-Multimediasystem, das bis dahin nur im Innovationsträger EQS, also der neuen elektrischen S-Klassse der Stuttgarter Marke zu finden ist. Die rein elektrische Version des Mercedes SUV GLB wurde auf der Autoshow in Shanghai im April 2021 vorgestellt und schließt die Lücke zwischen dem »kleinen« EQA und dem »größeren« EQC. Wer die 288 PS starke Top-Version des EQB ordert, ist produktionstechnisch drei Jahre weiter als beim EQC – allein das Science-Fiction-Cockpit ist für friends of the future ein Grund, das aktuellere Modell zu wählen. Auch die ebenso intuitive wie individualisierbare Benutzeroberfläche des MBUX-Systems könnte ein Kaufgrund sein.

Leistung	272 PS
Batterie	66,5 kWh
Reichweite	bis 478 km
Preis	ab n. n. Euro
arrive-Wertung	n. n.

MERCEDES EQC

WUCHT-BRUMME

Kaum ein Automobilhersteller wurde in den letzten Jahren mehr gescholten, den Sprung auf den Elektrozug verpasst zu haben als Mercedes. Es ist sicher richtig, dass die Erfinder des Automobils eine ganze Zeit die Dynamik unterschätzt haben, mit der sich der Markt, die Weiterentwicklung der Ladeinfrastruktur und das Bewusstsein der Kunden entwickeln würden. – Hätte Mercedes sonst seine Beteiligung an Tesla verkauft, die heute so viel wert wäre wie der gesamte Mercedes-Konzern?

Egal: Der EQC, der erste Mercedes-Elektro-SUV, kommt langsam auf nennenswerte Verkaufszahlen und strahlt dabei die Ruhe und Souveränität eines Mercedes aus, wie sich das gehört. Auch wenn das schon immer ein wenig teurer war – der EQC ist ja erst der Startschuss von einer ganzen Serie von Mercedes-Fahrzeugen, die schon bald im Spiel der Elektromobilität auf der Gewinnerstraße beteiligt sein werden.

Leistung	408 PS
Batterie	80 kWh
Reichweite	bis 411 km
Preis	ab 69 484 Euro
arrive-Wertung	!!

MERCEDES EQS

TOP-INNOVATOR

Ganz oben im Bereich automobiler Innovationen steht seit Jahrzehnten die Mercedes S-Klasse: ABS, ESP, Airbag und viele Innovationen mehr haben sich in diesen Luxuslimousinen erstmals wirklich bewährt und fanden von da aus Einzug in den Rest der Autowelt. Luxus wird heute nicht mehr nur über die Qualität von Steppnähten am Leder-Interieur definiert, sondern über neue Features – und so muss sich noch herausstellen, was der neue EQS hat, was viele andere nicht haben.

Zunächst mal ist er ein komplett neues Auto mit mindestens 40 Features, die es nur auf der E-Plattform gibt. Darunter (optional) der »Hyperscreen«, das längste Display in einem Auto überhaupt, der dickste Akku, den es in Deutschland gibt, gut für 700 Kilometer Reichweite, und natürlich die Möglichkeit, kostenpflichtig oder kostenneutral, je nach Angebot, zusätzliche Software-Features hinzuzuladen.

Ab rund 93 000 Euro – in der Realität, wie bei Mercedes gewohnt, dank vieler Aufpreise wesentlich mehr – schwebt man dann nahezu lautlos elektronisch gefedert über der Straße.

Leistung	523 PS
Batterie	108 kWh
Reichweite	bis 700 km
Preis	ab 93 000 Euro
arrive-Wertung	n. n.

MERCEDES EQV 300

SPACE-VAN

Mercedes-Vans mit Dieselmotor sind längst automobile Ikonen. Generationen von kleineren und größeren Sprintern wimmeln durch unsere Innenstädte, kaum ein Gewerbetreibender hat keinen oder nicht schon mal einen gehabt. Zeit für Wandel – und es sieht so aus, als seien das Taxi-Gewerbe, Shuttle-Betriebe, aber auch gut situierte Großfamilien die Ersten, die mitziehen. Denn 70 000 Euro aufwärts sind hier noch eine Ansage, und um die vergleichsweise schwere Fuhre auf Speed zu bekommen und eine akzeptable Reichweite von rund 400 Kilometern zu garantieren, ist hier noch ein Monster-Akku von 90 kWh Pflicht. – Und den abseits einer Schnellladesäule aufzuladen, kostet auch schnell mal eine Nacht und mehr. Dafür bekommt man allerdings alle Annehmlichkeiten, die es auch in einem herkömmlichen Mercedes-Van gibt, dazu unvergleichliche Laufruhe und ein einzigartig leises Fahrerlebnis.

Leistung	204 PS
Batterie	90 kWh
Reichweite	bis 405 km
Preis	ab 69 880 Euro
arrive-Wertung	!!

MINI COOPER SE

VORSTADT-LIEBLING

Kaum ein Zweitwagen in einem besseren deutschen Vorstadtviertel, den nicht das legendäre »Mini-Symbol« ziert. Kaum einer von ihnen wird jemals über die Langstrecke gepeitscht, und keiner von ihnen hat so viele Möglichkeiten, quasi andauernd an der heimischen Wallbox oder gar einer einfachen Garagensteckdose nachzuladen. Bis also der Mini – ebenso wie der smart – ausschließlich elektrisch fährt, ist nur noch eine Frage der Zeit. 184 PS und ein Preis ab gerade mal etwa 32 000 Euro ohne Förderung sind Features, die auch der fossil getriebene Mini Cooper SE draufhatte; und wer länger im Prospekt schmökert, findet so gut wie alle Annehmlichkeiten, die das Genre bietet. Da der Mini meist als Zweitwagen dient, bei dem Langstrecken die Ausnahme bilden, ist ein leichter Akku von 32, 6 kWh mehr als ausreichend, fast 300 Kilometer Reichweite ja ohnehin. Und wer wirklich mal Hamburg – München fährt: Mit ein bisschen Planung und zwei, drei schnellen Ladesäulen ist das auch kein Problem.

Leistung	184 PS
Batterie	32,6 kWh
Reichweite	bis 270 km
Preis	ab 31 280 Euro
arrive-Wertung	!!

NISSAN LEAF

REKORD-FAHRZEUG

Einer der wichtigsten Wegbereiter für die Elektromobilität weltweit war – und ist – der Nissan Leaf, der 2009 serienreif auf den Markt kam. Viele Jahre – bis er kürzlich vom Tesla Model 3 eingeholt wurde – war er das meistverkaufte Elektroauto der Welt. Bis heute wurden knapp 500 000 Stück verkauft; bezogen auf seinen Lebenszyklus ist er bis heute eines der wenigen Autos mit einer guten Klimabilanz. Ausentwickelt, erprobt und bewährt, inzwischen in der vierten Generation, verrichtet nun ein 150-PS-Motor seinen Dienst, dessen 40-kWh-Akku eine Reichweite von etwa 270 Kilometern ermöglicht. Das ideale Zweitfahrzeug für die mit dem dicken SUV und dem schlechten Gewissen. In der ebenfalls erhältlichen 62-kWh-Version mit knapp 400 Kilometern Reichweite das ideale Erst- und Einzigauto für die, denen es ernst mit der Umwelt ist.

Leistung	150 PS
Batterie	40 kWh
Reichweite	bis 270 km
Preis	ab 29 233 Euro
arrive-Wertung	!!

OPEL CORSA-E

KOMPAKT-GENIE

Der Hersteller aus Rüsselsheim gehört seit ewigen Zeiten zum kulturellen Erbe Deutschlands. Generationen von Handelsvertretern, Familien und Verdiener mit mittlerem Einkommen vertrauten der Marke, die immer »knapp unterhalb« des Premium-Segments Zuverlässigkeit ausstrahlte. Dann kam eine Zeit, in der der Blitz, das Markensymbol, an Leuchtkraft verlor, aber eine neue Garde von Managern, extrem treuen Mitarbeitern und am Ende auch die Zugehörigkeit zum Weltkonzern Stellantis brachte das Feuer zurück. Mit neuem Mut und vor allem Top-Produkten in herausragender Qualität ist Opel dabei, Kundenvertrauen wieder zurückzugewinnen. Der Einstieg in die Elektromobilität erfolgte früh, das erste wirtschaftliche Leuchtturm-Produkt ist der elektrifizierte Corsa-E, der mit seinem 136-PS-Motor und seinem für gut 330 Kilometer reichenden Akku den Markt aufrollte und den Weg in ein Portfolio wies, das wie sein Markenbotschafter, der Fußballtrainer Jürgen Klopp, auch international gut aufgestellt ist.

Leistung	136 PS
Batterie	50 kWh
Reichweite	bis 330 km
Preis	ab 29 146 Euro
arrive-Wertung	!!

OPEL MOKKA-E

MISTER-PERFECT

Kaum schlüpfte der Corsa-E aus den Startlöchern und konnte sogar mit einer sportlichen Rallye-Version punkten, zog Opel mit dem Mokka-E nach und bediente das erfolgreichste Segment, das der Automobilmarkt derzeit zu bieten hat: den Mittelklasse-SUV. Die leicht erhöhte Sitzposition, die Cross-Country-Anmutung und die Möglichkeit, für die ganze Familie ordentlich einzupacken oder genug Platz für Spaß, Sport und Spiel zu haben, brachten den neuen Universal-Opel ganz schnell in die Position, dass deutlich mehr Autos geordert wurden, als geliefert werden konnten. – Für die Marke mit dem Blitz in den letzten Jahren eine eher ungewohnte Situation. Das Gesamtpaket des Mokka-E sowie seine Reichweite von über 300 Kilometern und vor allem das angenehme und souveräne Fahrerlebnis, verbunden mit einem wahrhaft publikumstauglichen Preis, machen das Auto zu einem Bestseller im Autodeutschland der frühen 20er-Jahre.

Leistung	136 PS
Batterie	50 kWh
Reichweite	bis 332 km
Preis	ab 32 990 Euro
arrive-Wertung	!!

OPEL ZAFIRA-E LIFE

JOB-HOPPER

Das Angebot für Großfamilien an halbwegs bezahlbaren klimafreundlichen Beförderungsmöglichkeiten ist noch überschaubar. – Doch aus dem Stellantis-Konzern kommt eine ganze Herde Autos von der Stromtankstelle: der Zafira-E Life von Opel, der Citroën ë-Spacetourer, der Peugeot e-Traveller und ihre Nutzfahrzeuggeschwister Opel Vivaro-e, Citroën ë-Jumpy, Peugeot e-Expert und inzwischen auch noch der Toyota Proace Electric, die allesamt in jeder nur erdenklichen Version, Ausstattung und elektrischer Motorisierung bestellbar sind. In dieser Vielfalt sind sie fast konkurrenzlos, der bewährte 136-PS-Motor ist ihnen gemein, die Akkugröße sowie das Gesamtgewicht bestimmen die Reichweite. Wobei der Autor dieser Zeilen nach einem ausgedehnten Test sagen muss: Für City, Vorstadt und Umland eine ideale Lösung, für die regelmäßige Langstrecke weniger geeignet.

Leistung	136 PS
Batterie	75 kWh
Reichweite	bis 329 km
Preis	ab 53 800 Euro
arrive-Wertung	!!

PEUGEOT E-208

LÖWEN-BABY

Noch ein Klon vom Corsa-E – oder ist es eher umgekehrt? Der Peugeot e-208 ist vielleicht das etwas schickere Auto oder dasjenige, das leicht frankophile Fans bevorzugen mögen, aber unter dem Strich sind die Unterschiede so gering, dass man niemandem zum einen oder anderen raten würde. – Allein das Aggregat und der zuverlässige Gesamteindruck machen auch den Peugeot zu einem guten Angebot, abzüglich Förderung sind es einfach Nuancen, Traditionen oder am Ende das aktuelle Sonderangebot, das hier eine Kaufentscheidung beeinflusst. Falsch machen kann man mit beiden nichts, man ist auf Jahre hin automobil versorgt. Überhaupt gilt: Je länger man eines dieser Fahrzeuge fährt, desto besser wird seine Ökobilanz. Und keine Sorge: Die Wartungskosten sind eher geringer als bei Verbrenner-Autos, und die Akkus sind in Wahrheit deutlich besser als der Ruf, den manche E-Gegner ihnen anhängen wollen.

Leistung	136 PS
Batterie	50 kWh
Reichweite	bis 340 km
Preis	ab 29 682 Euro
arrive-Wertung	!!

PEUGEOT E-2008

PRAXIS-PROFI

Der elektrische SUV von Peugeot ist ein gutes Beispiel, wie zwei Fahrzeuge, die von der gleichen Plattform kommen, doch recht unterschiedlich sein können: Der Franzose ist nämlich kein aufgeblasener Opel Mokka-E, und umgekehrt der Opel kein abgespeckter Peugeot. Ja, der Motor ist auch hier wieder der gleiche, die Batterie mit ihren 50 kWh auch, die Reichweite liegt einen Tick darunter, der Preis etwas darüber. Das Design ist etwas extravaganter, der Wagen rund 15 Zentimeter länger und auch hier entscheidet am Ende ganz sicher die persönliche Vorliebe der Kundschaft. Auffälligstes Merkmal ist die Anordnung der LED-Lampen unterhalb des Hauptlichtes – von Weitem hat man im Dunkeln visuell die Befürchtung, dass ein Säbelzahntiger im Anmarsch ist – für die Marke mit dem Löwen im Logo nicht ganz unpassend.

Leistung	136 PS
Batterie	50 kWh
Reichweite	bis 320 km
Preis	ab 34 361 Euro
arrive-Wertung	!!

POLESTAR 2 DUAL MOTOR

GOOD-LOOKER

Schwedens Autoindustrie hatte schon immer den Ruf von Solidität, Nachhaltigkeit und einer gewissen Einzigartigkeit. Genau diese Attribute treffen auf den Polestar 2 zu, das aktuelle Ergebnis der Zusammenarbeit von Volvo mit dem chinesischen Auto-Riesen Geely. Aber eins kommt für alle drei Varianten des Autos noch hinzu: Sie sind bildhübsch und machten mit ihrem gefälligen Design jeder Sportlimousine unter den E-Fahrzeugen Konkurrenz. Auch sind sie viel besser verarbeitet, als selbst die voreingenommensten Gegner chinesischer Qualität befürchten.

Power gibt es ohnehin im Überfluss, selbst die Standard-Variante mit 224 PS ist ausreichend spurtstark und schnell, während die »Dual Motor«-Version mit 78 kWh Akku eine kleine 200-km/h-Rakete ist, die auch schon rund 500 Kilometer weit kommt – freilich nicht bei diesem Tempo.

Leistung	408 PS
Batterie	78 kWh
Reichweite	bis 500 km
Preis	ab 54 417 Euro
arrive-Wertung	!!

PORSCHE TAYCAN BASIS

KLASSEN-PRIMUS

Als der Porsche Taycan um 2018 ins Licht der Medien geriet, waren Elektroautos für Sportwagenfreunde, zumal 911er-Fans, noch ein »No-Go«. Selbst Markenbotschafter Walter Röhrl verstieg sich zu der Aussage, ihm käme der »Schrott« nicht ins Haus. Alle, die den Taycan und den Taycan Turbo S gefahren sind, auch Röhrl, sehen das inzwischen anders: Der 800-Volt-Porsche ist fahrwerksmäßig das Nonplusultra unter den Elektrifizierten, allerdings mit einem Preis weit jenseits von 100 000 Euro auch für normal Sterbliche quasi unbezahlbar. Für die gibt es nun eine Basis-Version, mit 83 520 Euro Minimum allerdings auch kein Schnäppchen. Dennoch, so schreiben es Fans wie Kritiker: Der klassische »Elfer« hat jetzt seine Entsprechung in dem Basis-Taycan. – Was für dieses Geld an Fahrspaß und Performance geboten wird, ist einzigartig.

Leistung	408 PS
Batterie	71 kWh
Reichweite	bis 484 km
Preis	ab 83 520 Euro
arrive-Wertung	!!

PORSCHE TAYCAN TURBO S

NONPLUSULTRA

»Boah, ey«, keuchte einer der ersten YouTube-Testfahrer des Porsche Taycan im Herbst 2019 angesichts der schieren Power des Porsche Elektro-Sportwagens in sein Mikrofon. Die Laute der Lust wurden über 1 Million Mal geklickt, und selbst Rallye-Legende Röhrl, erklärter Gegner der Elektromobilität, konnte nicht umhin, dem brachialen Antritt und dem absolut Rennsport-tauglichen Fahrverhalten des Taycan Tribut zu zollen. Bis zu 761 PS, ein 0 auf 100 Sprint, den wir hier mit Rücksicht auf die Kinder nicht veröffentlichen, und ein Preis von fast 200 000 Euro tun ein Übriges. Wer diesen Wagen in der Garage hat, dem ist auch nicht wichtig, dass Ionity inzwischen über 80 Cent pro Kilowattstunde nimmt und dass man Hamburg – München dann doch besser fliegt, wenn man es eilig hat. Oder man nimmt den Basis-Taycan – bei annähernd ähnlichem Fahrspaß, mit deutlich mehr Reichweite.

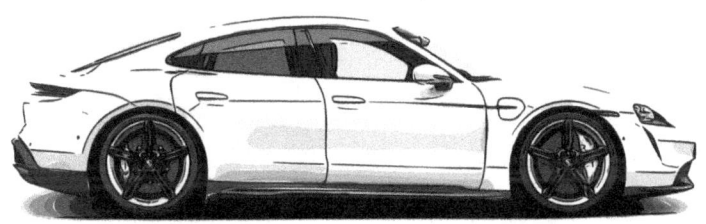

Leistung	761 PS
Batterie	83,7 kWh
Reichweite	bis 388 km
Preis	ab 181 659 Euro
arrive-Wertung	!!!

RENAULT TWINGO ELECTRIC

KNUDDEL-CAR

Allein der Name jagt einem schon wohlige Schauer über den Rücken: Twingo, das klingt so vertraut, so gemütlich, auch preiswert und haltbar. – Ist es auch. Denn die Qualitäten, die den kleinen Franzosen seit Jahrzehnten an der Benzinfront auszeichnen, finden auch ihre Entsprechung im rein elektrischen Twingo, der sich seine Plattform übrigens mit dem smart-EQ forfour teilt. smart-Fans werden wohl zum smart greifen, Twingo-Fans zum Twingo. Die Reichweite des Franzosen allerdings ist etwas höher, dank seines 21,4 kWh Akkus und den elektrischen Genen des Renault ZOE. Darüber hinaus gibt es ein kleines Plus an Platz, aber eben nicht ganz so viel Luxus wie bei der Daimler/Geely-Tochter smart. Aber das ist das Schöne an der Globalisierung der Autowelt: Der Kunde bleibt König und wählt sich das Auto, das am besten zu ihm passt.

Leistung	82 PS
Batterie	21,4 kWh
Reichweite	bis 190 km
Preis	ab 23 790 Euro
arrive-Wertung	!

RENAULT ZOE

SPAR-BÜCHSE

ZOE ist ein Akronym von »Zero Emission«, und der Renault mit dem Null-Emissionsausstoß ist ein früher Vertreter europäischer Elektrofahrzeuge, der seit 2013 auf dem Markt ist. Der Kleinwagen, der auf der Plattform des berühmten Clio basiert und dessen Antriebsstrang vom deutschen Zulieferer Continental stammte, wurde seitdem stetig weiterentwickelt. Inzwischen bauen die Franzosen Motor und Antrieb selbst, auch kann der Wagen inzwischen an Schnellladesäulen bis 50 kW aufgeladen werden und ist damit praktisch langstreckentauglich geworden. Ältere ZOEs gibt es tatsächlich gelegentlich als Gebrauchtwagen, doch hier sollten Interessenten tatsächlich die Akku- und Ladeversion genau prüfen, denn diese Modelle taten sich mitunter nicht leicht an den Ladesäulen. Alle Versionen ab Mitte 2019 sind top, inzwischen ist auch der früher nur zu mietende Akku ausschließlich kaufbar.

Leistung	108 PS
Batterie	41 kWh
Reichweite	bis 316 km
Preis	ab 31 840 Euro
arrive-Wertung	!!

SEAT MII ELECTRIC

EFFIZIENZ-PROFI

Der Seat Mii electric ist ein durchdachter Klon des VW e-up! und des Skoda Citigo e und vom Start weg sogar ein klein wenig luxuriöser ausgestattet. Preiswerter kann man heute kein neues E-Auto fahren, abzüglich der Förderung ist man hier immer in Bereichen deutlich unter 20 000 Euro, und wer hier mit dem Händler gut verhandelt und vielleicht seinen Gebrauchten in Zahlung gibt, kann ein echtes Schnäppchen machen. Umgekehrt ist der kleine Seat eine Wertanlage, denn gebraucht sind City-Zwerge zwar zu bekommen, aber wenn die Kriterien der E-Gebrauchtwagenförderung (älter als 1 Jahr, über 15 000 Kilometer) nicht mehr greifen, ist ein Neuwagen fast billiger. Und immer daran denken: Die Wartung bei einem Elektroauto ist häufig sehr preiswert, wenn man nicht irgendwo dagegen fährt, geht in der Regel weniger kaputt als bei einem Verbrenner.

Leistung	83 PS
Batterie	32,3 kWh
Reichweite	bis 215 km
Preis	ab 24 650 Euro
arrive-Wertung	!!

SKODA CITIGO E

PREIS-DRÜCKER

Wie so oft in der globalen Autowelt von heute gibt es eine Menge Brüder und Schwestern, die sich ähnlich sehen, aber anders heißen: Der Skoda Citigo e, der Volkswagen e-up! und der Seat Mii electric sind nur auf den zweiten Blick auseinanderzuhalten, sodass ich hier gar nicht erst den Versuch machen möchte, den einen besser als den anderen zu finden. Das Spannende nämlich ist: Sie sind alle drei in ihrer Klasse Top-Autos. Zwar aus einer anderen Zeit, denn sie wurden einst für Benzin-Motoren konstruiert, aber das bricht ihrer Tauglichkeit als kleine, preiswerte und zeitlich universelle Elektroautos keineswegs einen Zacken aus dem Krönchen. Wer sich für solche Autos interessiert, sollte bei allen drei Herstellern, die ohnehin aus dem gleichen Konzern kommen, nach einem passenden Angebot schauen, sei es im Leasing oder zum Kauf, und wird garantiert nicht enttäuscht werden.

Leistung	83 PS
Batterie	36,8 kWh
Reichweite	bis 260 km
Preis	ab 20 950 Euro
arrive-Wertung	!!

SKODA ENYAQ IV 60

TOP-ANGEBOT

Wer ein Fan der großartigen Technik der neuen ID.-Serie aus dem Volkswagen-Konzern im Allgemeinen und vom hübschen Midi-SUV ID.4 im
Besonderen ist, aber doch mehr aufs Budget schauen muss, und wem ein
weniger klangvoller Name genügt, der sollte sich unbedingt den Kunstna-
men Enyaq einprägen, denn der so genannte Wagen von der VW-Tochter
Skoda steht dem Original in fast nichts nach – im Gegenteil. Die Ausstat-
tungen sind leicht unterschiedlich, nur wer Allrad will, greift besser zu
VW (oder auch zu Audi, da gibt es das Modell ein weiteres Mal als Q4
e-tron). In manchen Farben, zum Beispiel in Schwarz oder Rot, ist der
Enyaq ein wirklicher Hingucker, aber das ist natürlich Geschmacksache.

Leistung	180 PS
Batterie	60 kWh
Reichweite	bis 390 km
Preis	ab 38 850 Euro
arrive-Wertung	!!

SMART EQ FORFOUR

CITY-FLOW

Eine Nummer größer als der smart EQ fortwo ist – man ahnt es: der forfour, ein erwachsener Viersitzer, der sich eine Baugruppe mit dem kleinen
Renault Twingo teilt, was für mehr Wirtschaftlichkeit des Konzepts sorgt.
Eine kleine Familie oder eine WG haben in dem Wagen genug Platz für
Kurztrips und die Fahrt zum Badesee – für weitere Touren reichen weder der Platz noch der relativ klein dimensionierte 17,6 kWh Akku. Völlig egal, wenn man ohnehin keine weiten Strecken fährt, überdies sind
smart-Fahrzeuge seit jeher klassische Zweitwagen und für viele Leute der
Einstieg in die Welt der Elektroautos. Auch der Autor dieser Zeilen wurde
von einem e-smart angefixt – und wird sich (von einem Oldtimer abgese-
hen) sicher nie wieder einen Benziner oder Diesel neu zulegen.

Leistung	82 PS
Batterie	17,6 kWh
Reichweite	bis 154 km
Preis	ab 22 037 Euro
arrive-Wertung	!!

SMART EQ FORTWO

STADT-FLOH

Wenn man von einigen Gehversuchen bei VW, BMW und einigen Klein-Umbauern absieht, begann das Zeitalter der Serien-Elektrofahrzeuge mit dem smart e-Drive, damals noch ein reines Daimler-Produkt. Der Zwerg zeichnete sich durch außerordentliche Wendigkeit, viel City-Fahrspaß und eine miese Reichweite aus, die durch das Anschalten der Heizung noch mieser wurde. Egal – wer einen hatte, war weit vorne, und heute, in der Zeit, in der smart in Kooperation mit der chinesischen Firma Geely nur noch E-Autos baut, ist der smart mit dem EQ ein richtig erwachsenes Citycar geworden – mit einer weiter wachsenden Fan-Gemeinde. Er ist in der Grundausstattung preiswert, wie jeder Daimler kann er gepimpt werden, seine Reichweite ist besser geworden, wenngleich sich eine Ladestation vor der Haustür hier doch empfiehlt.

Leistung	82 PS
Batterie	17,6 kWh
Reichweite	bis 159 km
Preis	ab 21 387 Euro
arrive-Wertung	!!

TESLA MODEL 3 50

WEG-BEREITER

Nachdem Elon Musk mit der Kür seines größtenteils handgefertigten Model S zum Kultstar der E-Car-Szene und zum meistzitierten Visionär der Welt geworden war, war sein Model 3 sozusagen die Pflicht. Es ist nämlich das erste Elektroauto der Firma, das in großen Stückzahlen vom Band läuft und das mit so großem Erfolg, dass Tesla binnen Kurzem zum wertvollsten Autokonzern avancierte – wenigstens an der Börse. Die Anfangsprobleme des Model 3 sind ausgeräumt, sein großer und einziger Cockpit-Screen ist inzwischen legendär, sein Fahrverhalten ausgezeichnet, seine Reichweite in Relation zur jeweils verbauten Batterie ebenfalls, sein Preis fair. Volltreffer, Publikumsliebling, weiter so. Anfang 2021 war das Fahrzeug das mit Abstand meistverkaufte Elektroauto der Welt.

Leistung	260 PS
Batterie	50 kWh
Reichweite	bis 409 km
Preis	ab 42 900 Euro
arrive-Wertung	!

TESLA MODEL S

KULT-VISIONÄR

Alles begann, als der südafrikanisch-amerikanische Multi-Entrepreneur und -Milliardär Elon Musk beschloss, das 100 Jahre alte Konzept des US-Elektroautos neu zu erfinden. Ein umgebauter Lotus Elise wurde 2008 zum ersten Tesla-Roadster, nur kurze Zeit später war der Prototyp des Model S fertig. Das kam 2012 mit fettem Akku, einer großen Reichweite und vor allem einem proprietären Netzwerk aus Superchargern auf den Markt, die den ersten Käufern des Fahrzeugs Gratis-Strom lieferten. Marketing-Genie Musk begeisterte so die Promis dieser Welt – in Hollywood ist die Tesla-Dichte gigantisch. Doch auch der Rest der Welt wurde aufmerksam, denn das Auto ist zwar teuer, aber gut. Manche fuhren mehrfach um die Welt – und sie laufen immer noch.

Leistung	428 PS
Batterie	100 kWh
Reichweite	bis 652 km
Preis	ab 81 990 Euro
arrive-Wertung	!

TESLA MODEL X

SUPER-CHARGER

Wenn ein Sportwagen wie der Tesla S erfolgreich sein kann, dann muss das für einen SUV aus gleichem Hause auch locker zutreffen. Der Allradler mit den markanten Flügeltüren wurde 2012 vorgestellt und ab 2015 ausgeliefert, auf Wunsch mit Anhängerkupplung. Wohlhabende Umweltfans bekamen ein neues Spielmobil. Dieses war und ist ein geniales Auto, dank Riesenfrontscheibe mit Glasdach für Fahrer und Beifahrer. Wenn man nicht sieben Leute mitnimmt, mutiert das Multitalent vom Van bei umgelegter dritter Sitzreihe zum Kleintransporter. Spätestens seit dem Start des Model X ist der Strom an den Superchargern nicht mehr gratis für alle Testfahrer. Ein ganz normales E-Auto ist das Model X aber auch nicht. Das sieht man allein an den Versuchen, seine Eigenschaften und Fahrleistungen zu kopieren. – Die Konkurrenz, vor allem aus Deutschland, ist groß.

Leistung	611 PS
Batterie	100 kWh
Reichweite	bis 507 km
Preis	ab 85 990 Euro
arrive-Wertung	!

TOYOTA MIRAI

HYPER-HYDRO

Für Brennstoffzellen-Fans ist der neue Mirai kein Wunder mehr, gibt es ihn doch schon in zweiter Generation, die erste ist seit nunmehr sechs Jahren unterwegs. Was als innovatives Konzept in homöopathischen Einheiten von handproduzierten 11 000 Stück weltweit begann, steht jetzt auf einer automobilen Plattform, die große Stückzahlen ermöglicht. Seine drei Tanks können zusammen 5,6 Kilogramm Wasserstoff an Bord nehmen, die die 182 PS des angeflanschten Elektromotors locker antreiben. Und im Gegensatz zur optisch umstrittenen ersten Generation des Mirai sieht der Neue richtig gut aus und sorgt für ein mehr als gutes Gewissen: Als Auto mit »negativem Emissionsausstoß« gibt es ein System, das die angesaugte Luft chemisch reinigt und deutlich sauberer wieder in die Umwelt entlässt.

Leistung	182 PS
Batterie	Brennstoffzelle
Reichweite	bis 650 km
Preis	ab 63 900 Euro
arrive-Wertung	!!

VOLKSWAGEN E-UP!

PREISLEISTUNGS-CHAMP

Auch wenn der »kleine« Elektro-Volkswagen nicht dem praktischen MEB-Baukasten entspringt, sondern noch den Umweg über ein älteres Fahrzeugkonzept geht – im Segment der Kleinwagen, die nur in der Stadt gefahren werden, gibt es kein preiswerteres Auto. Der Preis unter 20 000 Euro (inklusive Förderung) für ein neues E-Auto mit (fast) allem, was dazugehört, ist eine Kampfansage an den asiatischen Kleinwagenmarkt. Das Beste daran: Jede VW-Werkstatt kann damit umgehen, wobei an einem E-Motor ohnehin nicht viel kaputtgehen kann. Die Reichweite ist ausreichend und der Fahrkomfort des Ein-Gang-Automatik-Fahrzeugs kann problemlos als gemütlich durchgehen. Für viele Interessenten stellt sich wahrscheinlich nur die Frage, ob sie den e-up! oder einen seiner baugleichen Brüder von Seat oder Skoda erwerben sollen.

Leistung	83 PS
Batterie	32,3 kWh
Reichweite	bis 180 km
Preis	ab 21 424 Euro
arrive-Wertung	!!

VOLKSWAGEN ID.3

VOLKS-WAGEN

Zunächst gab es bei Volkswagen einige experimentelle E-Fahrzeuge, dann tatsächlich den gar nicht so schlechten e-Golf, halt einen Golf mit E-Motor. Doch Konzernchef Herbert Diess wusste: Eine echter Volks-Wagen kann nur entstehen, wenn man eine Plattform schafft, auf der man ebenso wirtschaftliche wie gute Fahrzeuge verschiedener Klassen herstellen kann. Gedacht, getan. Sie heißt MEB und bezeichnet den Baukasten, aus dem mit dem ID.3 ein richtig gutes und modernes deutsches E-Auto entstanden ist, das in großen Stückzahlen gebaut wird. Das Auto hat hervorragende Software, die wie beim Smartphone OTV (over the air)-Updates erhalten kann, bis hin zu einem recht hohen Grad an Autonomie. Dann ist es das erste Auto weltweit, das »bilanzielle CO_2-Neutralität« schafft. Das bedeutet, dass auch sein Herstellungsprozess weitestgehend umweltfreundlich ist – was bei Weitem nicht für alle E-Autos gilt.

Leistung	150 PS
Batterie	58 kWh
Reichweite	bis 450 km
Preis	ab 29 900 Euro
arrive-Wertung	!!!

VOLKSWAGEN ID.4

DEAL-MAKER

Der Volkswagen ID.4 ist das zweite Auto aus Wolfsburgs MEB-Baukasten, dem zunächst diverse Forschungsfahrzeuge und schließlich der kompakte ID.3 entsprangen, den *arrive* schnell zum besten deutschen Elektroauto kürte. Der ID.4 steht auf der gleichen Basis, ist genauso gut – entstammt aber zusätzlich dem Segment der mittleren SUVs, des am schnellsten wachsenden Fahrzeugsegments in Deutschland, beliebt in allen demografischen Gruppen. Im Test fuhr sich der Wagen hervorragend, und es gibt nicht wenige Autoexperten, die den ID.4 für das Fahrzeug halten, das dem Elektroauto in Deutschland zum endgültigen großen Durchbruch verhelfen wird. Komfort, Reichweite, Wartungsfähigkeit, Fahrverhalten, Verbrauch und Preis – es gibt nichts, was gegen dieses Auto spricht.

Leistung	204 PS
Batterie	82 kWh
Reichweite	bis 520 km
Preis	ab 43 329 Euro
arrive-Wertung	!!!

VOLVO XC40 RECHARGE

SCHWEDEN-SCHÖNLING

Soll noch mal einer sagen, Schwedens schöner SUV sei untermotorisiert! Die Version dieses Volvo-Modells, die mit fossilen Brennstoffen unterwegs ist, macht bei 250 PS schlapp, die Recharge-Variante aus der von den chinesischen Experten der Firma Geely entwickelten Plattform CMA beherbergt einen E-Motor, der über 400 PS lockermacht. Und da die Fuhre so schwer gar nicht ist, schafft sie mit einer 78 kWh Batterie etwa 400 Kilometer und ein Drehmoment bis 600 Newtonmeter – damit kommt man jeden Berg hoch. Nicht auf der Strecke bleiben die alten Volvo-Tugenden Sicherheit und Komfort. Die ersten Testfahrer sprachen dem XC40 Recharge wie auch seinen Plattform-Geschwistern familientaugliche Qualitäten zu.

Leistung	406 PS
Batterie	78 kWh
Reichweite	circa 400 km
Preis	ab 60 436 Euro
arrive-Wertung	!

GLOSSAR

DAMIT SIE MITREDEN KÖNNEN: DIE WICHTIGSTEN ABKÜRZUNGEN UND FACHBEGRIFFE, DIE SIE KENNEN SOLLTEN

AC und DC

Diese Abkürzungen stehen für »Alternating Current« und »Direct Current«, englisch für Wechselstrom und Gleichstrom. Das ist wichtig zu wissen, weil sich die Art des Stroms auf das Ladeverhalten der Akkus für Elektroautos auswirkt: Wechselstrom (AC) ist die langsamere Variante, zumeist für das Laden zu Hause oder das Laden innerhalb der Städte gedacht. An entsprechenden Ladesäulen kann man einen handelsüblichen Auto-Akku meist in wenigen Stunden aufladen.

Mittels Gleichstrom (DC) aber kann man, technisch etwas aufwendiger, in viel kürzerer Zeit einen Akku füllen. Ein Batteriemanagement-System sorgt dafür, dass das immer genau so geschieht, dass der Akku möglichst schonend geladen wird.

Wenn Sie mit einem entsprechenden Fahrzeug auf einer Langstrecke auf der Autobahn unterwegs sind, werden Sie vor allem nach

DC-Ladesäulen zum Beispiel von Ionity, Allego, EnBW oder einem Tesla-Supercharger Ausschau halten.

Assistenzsysteme

Sie sind die Vorstufe des autonomen Fahrens und nicht nur in Elektrofahrzeugen einsetzbar. Sie regeln den Abstand zum vorausfahrenden Fahrzeug, halten die Spur, bremsen im Notfall und steuern bei Bedarf automatisch Ladestationen an. Je nach Hersteller gibt es sie in der Serienausstattung oder als kostenpflichtige Option. Bei modernen Elektrofahrzeugen sind sie als Apps zusätzlich zur bordeigenen Software zubuchbar und werden, je nach Bedarf, über OTA – Over The Air – »eingebaut« beziehungsweise upgedated. Das gilt auch für Navi-, Kommunikations- und Komfortoptionen.

Autonomes Fahren

Beeinhaltet die Möglichkeit, dass sich das Fahrzeug ohne Einwirkung der Fahrerin oder des Fahrers von A nach B bewegt. Man unterscheidet fünf Autonomiestufen oder Levels. Sie werden hier mit dem Jahr ihrer tatsächlichen beziehungsweise voraussichtlichen Einführung auf Deutschlands Straßen aufgeführt:

– *Autonomiestufe 0 (1886)*

Selbstfahrer (»Driver only«). Der Fahrer fährt selbst (lenkt, beschleunigt, bremst etc.).

– *Autonomiestufe 1 (1972)*

Fahrerassistenz. Bestimmte Assistenzsysteme helfen bei der Fahrzeugbedienung, beispielsweise der Abstandsregeltempomat (ACC).

– *Autonomiestufe 2 (1985)*

Teilautomatisierung. Funktionen wie automatisches Einparken, Spurhalten, allgemeine Längsführung, Beschleunigen, Abbremsen werden von den Assistenzsystemen übernommen, zum Beispiel vom Stauassistenten.

– Autonomiestufe 3 (2021)
Bedingungsautomatisierung. Der Fahrer muss das System nicht dauernd überwachen. Das Fahrzeug führt selbstständig Funktionen wie das Auslösen des Blinkers, Spurwechsel und Spurhalten durch.

– Autonomiestufe 4 (2022)
Hochautomatisierung. Die Führung des Fahrzeugs wird dauerhaft vom System übernommen. Werden Fahraufgaben vom System nicht mehr bewältigt, kann der Fahrer aufgefordert werden, die Führung zu übernehmen.

– Autonomiestufe 5 (ca. 2030)
Vollautomatisierung. Kein Fahrer nötig. Außer dem Festlegen des Ziels und dem Starten des Systems ist kein menschliches Eingreifen erforderlich. Das Fahrzeug kommt ohne Lenkrad und Pedale aus. Technisch ist diese Stufe vielleicht zeitlich früher möglich, aber dazu braucht es die Klärung vieler zum Beispiel rechtlicher und ethischer Fragen.

BEV

Ist die Abkürzung von »Battery Electric Vehicle« und bezeichnet ein sogenanntes »reines Elektroauto«, in dem kein Benzin-Motor die Reichweite verlängert. Im Gegensatz zu Hybrid-Fahrzeugen oder Plug-in-Hybrid-Fahrzeugen oder auch solchen, die zwar einen Elektromotor, aber keine Batterie haben, also zum Beispiel von einer Brennstoffzelle angetrieben werden.

Bidirektionales Laden

Dank bidirektionaler Ladefähigkeit könnten Elektroauto-Akkus zukünftig als mobile Energiespeicher genutzt werden, die bei vorhandener Infrastruktur ihren nicht verbrauchten Strom überall auch wieder abgeben können, also zum Beispiel in ein Privathaus oder einen Outdoor-Stromverbraucher. Besonders interessant könnte das für Fahrzeugbesitzer werden, die zum Beispiel mittels Sonnenkollektoren auf dem Dach (Photovoltaik) mehr Strom erzeugen, als sie mit ihrem Fahrzeug verbrauchen können. Dieser Strom könnte dann wieder ins Stromnetz zurückgespeist werden und zum Beispiel einen Teil der Kosten für das Auto wieder einspielen. Dies ist eine bislang oft beschriebene, technisch auch umsetzbare, aber in der Praxis nur vereinzelt genutzte Möglichkeit. Weitreichende Standards konnten sich nicht etablieren.

Bilanzielle CO_2-Neutralität

CO_2 ist ein geruchloses sogenanntes Treibhausgas, das entsteht, wenn etwas verbrannt wird, und dessen Emission zu einer Erwärmung des Weltklimas führen kann, wenn zu viel davon in der Erdatmosphäre ist. Energieerzeugung aus fossilen Brennstoffen wie zum Beispiel Kohle ist dabei der größte »Klimakiller«, das Fahren von emissionsfreien Fahrzeugen ist ein wichtiger, wenn auch in der Gesamtbilanz nicht riesiger Faktor. Entscheidend ist, Autos nicht nur mit möglichst wenig Emissionen zu fahren, sondern auch zu produzieren und nach Ende ihres Lebenszyklus entsprechend zu recyceln.

Es ist eindeutig: Wer seinen alten Benziner noch zehn Jahre fährt, hat mit Sicherheit eine bessere Energiebilanz als jemand, der sich alle zwei Jahre ein neues Elektrofahrzeug – egal welches – zulegt. Entscheidend sind beim Autofahren heute die CO_2-Emissionen über die gesamte Wertschöpfungskette hinweg, also die bilanzielle CO_2-Neutralität.

Brennstoffzelle – siehe Wasserstoff-Antrieb

CCS

Das »Combined Charging System« ist ein internationaler Ladestandard für Elektrofahrzeuge, der auf dem europäischen Typ2-Stecker basiert, der von der Firma Mennekes entwickelt wurde. Er avanciert derzeit zum Schnellladestandard in Europa und den USA und ermöglicht Wechselstrom-, Drehstrom- und Gleichstromladen mit sehr hohen Stromstärken (bis 500 Ampere) und entsprechend hoher Leistung (bis 350 kW).

CHAdeMO

Charge de Move, kurz CHAdeMO ist ein in Japan entwickeltes Steckersystem für Elektrofahrzeuge basierend auf Gleichstrom, heute das Einzige mit dem Europa-Standard CCS konkurrierende System. Mit Gleichstrom können Auto-Akkus sehr schnell geladen werden, derzeit bis 150 kW. Fast alle deutschen Schnellladeanbieter bieten auch für dieses System Strom an. In China wird es derzeit weiterentwickelt und könnte schon bald bis 400 kW laden. Es ist auch das einzige System, das heute bereits bidirektionales Laden beherrscht.

CO_2 – siehe Bilanzielle CO_2-Neutralität

DC und AC – siehe AC und DC

Drei-Phasen-Ladegerät

In Deutschland ist es üblich, dass der Strom mit drei Leitungen ins Haus kommt, dem sogenannten Dreiphasenwechselstrom oder Drehstrom. Diese Phasen werden auf genutzte stromverbrauchende Geräte verteilt. Bis vor Kurzem konnten viele Elektroautos nur über eine dieser Phasen geladen werden, was den Aufladevorgang zum Beispiel über eine Garagensteckdose drastisch verlangsamt hat. Heute haben die meisten Fahrzeuge einen »Dreiphasen-Lader« an Bord. Als Endkunde, der nicht häufig mit Gleichstrom schnelllädt, sollten Sie darauf achten.

Erneuerbare Energie / Naturstrom

Es macht keinen Sinn, Elektroautos einfach mit »irgendeinem« Strom aus der Steckdose zu laden, denn der besteht in Deutschland noch zum großen Teil aus fossilen Energieträgern wie zum

Beispiel Kohle oder Gas, bei deren Verbrennung und Förderung große Mengen CO_2 freigesetzt werden.

Ausschließlich Strom aus erneuerbaren Sonnen-, Wind- oder Wasserenergien kommen eigentlich für das Tanken eines Elektroautos infrage. Und wer zusätzlich wissen möchte, ob sein Auto auch mithilfe solcher Energien produziert wurde, hat noch mehr verstanden, worum es beim Thema Elektromobilität wirklich geht.

Feststoffbatterie

Herkömmliche Lithium-Ionen-Akkus sind vergleichsweise schwer, und man strebt danach, ihre Energiedichte zu erhöhen. In den letzten 25 Jahren erhöhte sich die Energiedichte von Akkus pro Jahr nur um rund 5 Prozent, exponentielle Steigerungsraten werden sich wohl nicht einstellen. Das größte Potenzial steckt möglicherweise in Feststoff-Körpern, bei denen beide Elektroden und auch der Elektrolyt (vgl. Lithium-Ionen-Batterie) aus festem Material bestehen. Das könnte Akkus um die Hälfte kleiner machen, die Ladezeit deutlich verkürzen und die Sicherheit erhöhen (sie überstehen dann schlimme Crashs ohne die Gefahr der Brennbarkeit). Relativ nahe an der Serienreife sollen solche Akkus der Firmen Tesla und QuantumScape sein, die 2021 einen Vertrag mit Volkswagen abgeschlossen haben. Doch die Massenproduktion wird erst um 2025 erwartet.

Hybrid

Hybrid bedeutet bei Autos: zwei Motoren. In der Regel sind das ein herkömmlicher Verbrenner-Motor, der zum Beispiel nebenher noch einen Elektromotor auflädt und in Innenstädten, wo lokal emissionslos gefahren werden muss, eingesetzt werden kann. Seit dem Toyota-Prius vor über 20 Jahren ist dies eine erprobte Technologie. Dennoch fahren auch diese Autos faktisch mit fossiler Energie, zum Beispiel Plug-in-Hybride und Mild-Hybrid-Fahrzeuge.

Induktives Laden

Das kabel-ungebundene Laden, das sich im Bereich einzelner Smartphones langsam durchsetzt, ist technisch auch für Automobilakkus möglich. Erprobt werden heute Parkplätze, an denen man sein Auto nicht mehr zum Laden anstöpseln muss, oder Autobahnabschnitte, auf denen das Fahrzeug mit Stromschleifen im Boden automatisch geladen wird. Auch Ladematten, unter dem Fahrzeug platziert, gibt es. Klingt plausibel und praktisch – ist aber Zukunftsmusik, unter anderem, weil bei diesem Ladevorgang zu viel Energie als Wärme verloren geht.

Ionity

Es gibt inzwischen eine ganze Reihe von Anbietern, die den Elektromobilisten am Rande viel befahrener Autobahnen beziehungsweise an den großen Verkehrsadern in Europa Ladestrom zur Verfügung stellen, der sehr einfach und schnell ins Fahrzeug kommt. Ionity zum Beispiel ist ein großes Joint-Venture, hinter dem Firmen wie BMW, Ford, Hyundai, Mercedes, Audi und Porsche stecken. An knapp 400 Ladestationen können E-Autos mit allen wichtigen Ladekarten geladen werden. – Nicht wirklich preiswert, dafür komfortabel und intuitiv bedienbar.

Kilowattstunde

Stromverbrauch wird in Kilowattstunden (kWh) berechnet, die Angabe beim Auto bezieht sich stets auf den Verbrauch pro 100 Kilometer – analog zu den bekannten Liter-Angaben beim Benzin. Die Verbrauchsangaben der Hersteller von Elektroautos sind – ebenfalls wie im Benzinzeitalter – nur bei bedachter Fahrweise erreichbar (vgl. auch »WLTP-Verbrauchsnorm« und »NEFZ-Verbrauchsnorm«). Hervorragende Sprintwerte sowie große Reichweite sind niemals mit niedrigem Verbrauch vereinbar. Autos mit Akkus, die zum Beispiel 60, 75 oder noch mehr kWh speichern können, kommen entsprechend weiter, jedoch trägt auch ihr hohes Eigengewicht zu einem erhöhten Stromverbrauch bei.

Klimaneutralität

Der CO_2-Verbrauch jedes Fahrzeuges muss immer über den kompletten Zeitraum seiner Entwicklung, Produktion, Fahrzeit und schließlich dem Abwracken und dem Recycling seiner Einzelteile hinweg betrachtet werden. Die berühmten »lokalen Emissionen«, die beim Elektroauto marketingtechnisch markant mit »Null« beziffert werden, sind nur ein kleiner Teil des Spektrums. Zum Beispiel hat ein Ur-Landrover, der in 50 Jahren 500 000 Benzin-Kilometer zurücklegt und danach als Oldtimer 5000 Kilometer pro Jahr weiterbewegt wird, mit Sicherheit eine bessere Klimabilanz als ein frisch-produzierter Defender mit Hybrid-Motor, der nach wenigen Jahren mit dem neuesten Modell getauscht wird, das dann vielleicht schon ein reines Elektroauto ist. (Vgl. auch Bilanzielle CO_2-Neutralität)

Lithium-Ionen-Akku

Batterien (in Reihe geschaltete Zellen zum Speichern von Strom) gibt es seit über 200 Jahren, seit der italienische Physiker Alessandro Volta entdeckte, dass sich chemische Energie in elektrische Energie verwandeln lässt: Um 1800 brachte er nach Hunderten von Versuchen Kupfer- und Zinkplatten übereinander und legte dazwischen jeweils ein Stück in Salzwasser getränktes Leder. (Details dazu siehe Seite 56) Seitdem forscht man nach Metallen, die möglichst viel Elektronenaktivität bei einer hohen Energiedichte, einem möglichst geringen Gewicht und einer wirtschaftlichen Herstellung aufweisen. Derzeit erfüllen die sogenannten Lithium-Ionen-Akkus diese Kriterien am besten – wobei es sich hier um einen Oberbegriff für eine Reihe von Akkus aus verschiedenen Metallmischungen handelt, in denen Lithium und Cobalt, aber auch andere Metalle wie Nickel, Mangan oder auch Eisen eingesetzt werden.

NEFZ-Verbrauchsnorm

Der »Neue Europäische Fahrzyklus« ist eigentlich die »alte« Norm der Verbrauchs- und Reichweiten-Messung. Eine circa 20-minütige offizielle Prüffahrt sowie eine Prüfstandmessung reichen dafür aus. Beides ist in der Praxis ebenso umstritten wie schummelanfällig. Der NEFZ-Wert stellte sich häufig als reines Marketing-Instrument heraus. Zu Deutsch: Wenn irgendwo ein Elektrofahrzeug mit 300 Kilometern Reichweite NEFZ beworben wird, sollten Sie von dieser Zahl mindestens ein Drittel abziehen. Etwas näher an der praktischen Realität vieler Autofahrer ist der WLTP-Wert (siehe WLTP-Verbrauchsnorm).

On-Board-Ladegerät

Im Akku eines Elektrofahrzeugs kann Energie direkt in Form von Gleichstrom (DC) gespeichert werden, wenn er an Schnellladestationen zur Verfügung gestellt wird. Das Kabel hierzu kommt direkt aus der entsprechenden DC-Ladestation. Unser heimisches Stromnetz, viele öffentliche Ladepunkte und Wallboxen bieten aber nur Wechselstrom (AC) an. Deren Kilowattangabe besagt, mit welcher Ladeleistung geladen werden kann. Das Ladegerät hierfür ist im Fahrzeug verbaut und hat einen sogenannten Gleichrichter integriert, der den Wechselstrom in Gleichstrom verwandelt.

Mit Wechselstrom und dem On-Board-Lader zu laden, ist preiswerter, dauert aber je nach Art des Ladepunktes länger. Und es gibt viel mehr AC-Lade-Möglichkeiten, besonders im urbanen Bereich.

OTA-Software-Updates

Die Abkürzung von »Over the Air« – »Durch die Luft« – bedeutet nichts anderes als die drahtlose Möglichkeit, sein Fahrzeug mit neuer Technologie auszurüsten. Musste früher ein Werkstatt-Ingenieur mit einem Spezialstecker in die Bordelektronik eingreifen, geschieht das heute wie beim Smartphone: Sie wählen, welche Navigations-Optionen, Komfort-Funktionen, Fahr-Assistenten et cetera Sie brauchen, zahlen gegebenenfalls digital dafür und erhalten die Funktionen in Ihren Fahrzeug-Zentralcomputer eingespielt. Gibt es bei Ihrem Hersteller einen Spurhalte-Assistenten oder eine neue automatische Bremsfunktion und Sie möchten das haben: Knopfdruck, fertig.

Photovoltaik-Anlagen

Sie bestehen aus Solarstrom-Panels, die Sonnenenergie einfangen und speichern – in der Regel viel mehr, als zum Beispiel Einfamilienhäuser verbrauchen können. Als Speicher dieser überschüssigen Energie könnte sehr gut der Akku eines Elektrofahrzeugs dienen. Beispielrechnung: Eine 6-kW-Anlage produziert an einem normalen Sonnentag circa 3-mal mehr Strom als ein normaler Haushalt in dieser Zeit verbraucht.

PIH (Plug-in-Hybrid)

Im Gegensatz zum klassischen Hybridantrieb kann hier der Fahrakku extern geladen werden, das heißt, sowohl über den Verbrennungsmotor als auch mit einem Stecker am Stromnetz. So ist es möglich, den Verbrauch weiter zu senken, da ein Teil der Fahrstrecke wirklich lokal emissionslos zurückgelegt wird (und nicht einfach mit Strom, der aus Benzin erzeugt wurde).
Die Verbrauchswerte, die das Marketing der Hersteller meist angibt, sind nur unter Prüfstand-Bedingungen zu erreichen, da die meisten Plug-in-Hybride nicht so genutzt werden, wie sie theoretisch genutzt werden könnten. Zudem gibt es erst wenige Plug-in-Hybride, bei denen der Benzinmotor komplett ausgeschaltet werden kann.

Range Extender

So heißt der zusätzliche Benzin-Motor eines Elektroautos mit geringer Reichweite. Seine Funktion ist keine andere als die Reichweiten-Verlängerung eines Plug-in-Hybrid-Fahrzeuges. Was im ersten Moment praktikabel klingt, ist es nicht, denn über all die Kilometer, die das Fahrzeug emissionslos unterwegs ist, müssen

Benzin und der Benzinmotor dennoch transportiert werden. Ältere BMW i3-Autos hatten einen sehr leichten »Rex«, wie deren Range Extender liebevoll genannt wurde. Konsequenterweise wurde diese Option inzwischen aus dem Programm des Herstellers gestrichen.

Regelenergie

Das ist die Ausgleichs- oder Reserveleistung, die die öffentliche Stromversorgung bei Schwankungen im öffentlichen Stromnetz, zum Beispiel bei plötzlich auftretenden Spitzenverbrauchszeiten, regelt. Erzeugung und Verbrauch müssen sich die Waage halten, da sich Energie nur unter bestimmten Voraussetzungen speichern lässt. Vereinfacht gesprochen ist an besonders sonnigen Tagen zu viel Energie gespeichert, sie bis zum Winter, wenn geheizt werden muss, aufzuheben, ist aber nicht praktikabel.

Rekuperation

Beim Elektrofahrzeug bezeichnet man damit die Möglichkeit, Bewegungsenergie zum Beispiel einer Bergabfahrt oder einer Verzögerung durch Strom-Wegnehmen als frische Energie in den Akku zurückzuführen – das Fahrzeug wird dadurch abgebremst. Man kann in vielen Fahrzeugen den Grad dieser Verzögerung mithilfe eines Schalt-Knopfes oder einer Schaltwippe am Lenkrad festlegen, sehr aufmerksame und bedächtige Fahrer können (fast) aufs echte Bremsen verzichten, was auch den Verschleiß vieler Einzelteile weiter reduziert. Die sinnvoll und oft eingesetzte Rekuperation ist auch eine gute Möglichkeit, die Reichweite eines E-Autos in der Stadt signifikant zu verlängern.

Smart Grid

Das ist das intelligente Stromnetz. Es umfasst unter anderem die Steuerung von Stromnetzen, Speichern und elektrischen Verbrauchern. Es stellt sicher, dass emissionsfreie Fahrzeuge tatsächlich nur regenerative Energie verbrauchen, und regelt deren Volatilität.

Es sorgt also dafür, dass hiervon immer so viel zur Verfügung steht, wie gerade gebraucht wird.

Supercharger

Lade-Lösung für Tesla-Fahrzeuge. Mit dem neuen Tesla Model 3 wird auf das System CCS umgerüstet, das heißt, alle Tesla-Fahrzeuge können dann auch an CCS-Schnellladestationen laden und sind nicht mehr nur auf das hauseigene Supercharger-Netz angewiesen, das mit 2500 Stationen und insgesamt 25 000 Ladepunkten weltweit bereits gut ausgestattet ist. Die Besonderheit gegenüber der Konkurrenz ist, dass ein Tesla-Supercharger das individuelle Auto erkennt, auflädt und direkt mit seinem Besitzer digital abrechnet. Das Eingeben oder Auflegen eines Chips oder einer Karte ist dort nicht nötig.

TYP-2-Stecker

Europäischer Standard für den (früher Mennekes-Stecker genannten) Stecker, mit dem seit 2013 E-Autos in Europa an öffentlichen Ladesäulen geladen werden können. Es gibt verschiedene Ladebereiche, zum Beispiel:
Level 1 an der AC-Schuko-Dose mit bis zu 16 Ampere bis 3,7 kW – also sehr langsames Laden.
Level 2 am AC-Starkstrom mit bis zu 32 Ampere bis 22 kW – also circa 6-mal schnelleres Laden.
Level 2 und 3 an einer Gleichstrom-Ladestation bis zu 400 Ampere und 240 kW – da geht das Laden fast schneller als das Tanken.

Umweltbonus

Nach anfänglichem Zaudern hat die deutsche Bundesregierung die Bedeutung der Elektromobilität für den weltweiten Wettbewerb und die Verringerung von CO_2-Emissionen erkannt. Da viele Verbraucher diese Erkenntnis noch nicht teilen, werden Milliardenbeträge eingesetzt und Elektrofahrzeuge vom Bundesamt für Wirtschaft und Ausfuhrkontrolle (BAFA) gefördert. Im Jahr 2021 gibt es einen Umweltbonus sowie einen Innovationsbonus. Weitere Herstellerboni miteingerechnet, können Interessenten bei einem E-Auto unter 40 000 Euro bis zu circa 11 000 Euro sparen. Seit Mitte 2021 steht fest, dass Fördergelder bis ins Jahr 2025 zur Verfügung stehen werden – den aktuellen Stand liefert jeweils bafa.de.

Wallbox

Wer sein Elektrofahrzeug regelmäßig zu Hause auflädt, sollte nicht den sehr langsamen Stromanschluss in der Garage verwenden, sondern sich den Komfort einer Wallbox gönnen.

Für Ladeleistungen, die den Akku Ihres E-Autos in wenigen Stunden befüllen, steht inzwischen eine sehr große Auswahl von Fabrikaten zur Verfügung, die sich meist recht einfach installieren lassen. Zudem lohnt sich ein Check bei der KfW, die immer wieder Fördergelder vergibt und zum Beispiel bis Ende 2021 eine neue Wallbox in der privaten Garage mit bis zu 900 Euro unterstützt, sofern man nachweisen kann, sie mit Strom aus erneuerbaren Energien zu betreiben. Aber auch für Mehrfamilienhäuser, Tiefgaragen und größere Parkplätze stehen schon Fördermodelle zur Verfügung.

Wasserstoff-Antrieb

Wasserstoff-Autos sind ebenso Elektroautos wie die batteriebetriebenen Fahrzeuge – nur dass eine Brennstoffzelle die Energie liefert. Hier reagiert ein Brennstoff wie zum Beispiel Wasserstoff mit Sauerstoff, es entstehen Strom, Wärme und Wasser. Dies ist eine sehr effiziente elektrochemische Reaktion, mit der man seit Langem Elektromotoren betreibt. Die Technologie ist entwickelt, die weitere und schnelle Verbreitung von Wasserstoff-Antrieben für den Individualverkehr wird aber heute von einer zu geringen Anzahl von entsprechenden Tankstellen behindert, da diese in entlegenen Regionen noch nicht wirtschaftlich sind. Viele Experten vermuten, dass sich Wasserstoff-Antrieb eher im Schwerlastverkehr, bei Stadtbussen, auf dem Wasser und irgendwann sogar in der Luft durchsetzen wird.

WLTP-Verbrauchsnorm

Die »Worldwide Harmonised Light-Duty Vehicles Test Procedure« ist ein etwas neueres Prüfverfahren als die ältere NEFZ-Verbrauchsnorm. Sie wird seit 2017 eingesetzt und gilt als näher an der Realität bei den Verbrauchswerten, vor allem, weil hier auf reale Fahrdaten zurückgegriffen wird und nicht nur auf Prüfstandverbräuche. In der Praxis sind aber auch WLTP-Reichweitenangaben für Elektroautos immer nur Anhaltswerte, da jeder Fahrer individuell anders fährt.

Elon Musk

Ashlee Vance

Elon Musk ist der da Vinci des 21. Jahrhunderts. Seine Firmengründungen lesen sich wie das Who's who der zukunftsträchtigsten Unternehmen der Welt. Alles, was dieser Mann anfasst, scheint zu Gold zu werden. Mit PayPal revolutionierte er das Zahlen im Internet, mit Tesla schreckte er die Autoindustrie auf und sein Raumfahrtunternehmen SpaceX ist aktuell das weltweit einzige Unternehmen, das ein Raumschiff mit großer Nutzlast wieder auf die Erde zurückbringen kann. Dies ist die persönliche Geschichte hinter einem der größten Unternehmer seit Thomas Edison, Henry Ford oder Howard Hughes. Das Buch erzählt seinen kometenhaften Aufstieg von seiner Flucht aus Südafrika mit 17 Jahren bis heute. In einem Umfang wie noch kein Journalist zuvor hatte Ashlee Vance für diese Biografie exklusiven und direkten Zugang zu Elon Musk, seinem familiären Umfeld und persönlichen Freunden.

348 Seiten | Hardcover | 19,99 € (D) | 20,60 € (A) | ISBN 978-3-89879-906-5

Tesla

W. Bernard Carlson

Nikola Teslas Forschungen revolutionierten das Verständnis von Elektrizität. Seine Erfindungen setzten völlig neue Maßstäbe für die weltweite Energieversorgung und ermöglichten erst das moderne Leben, wie wir es heute kennen. Doch nicht nur für seine 112 angemeldeten Patente ist Nikola Tesla bekannt, auch sein extravaganter Lebensstil und sein Hang zur exzessiven Selbstdarstellung machten ihn berühmt. W. Bernard Carlson blickt mit seiner mehrfach ausgezeichneten Biografie tief in die Psyche des Genies: Eindrucksvoll zeigt er, wie nah Genie und Exzentrik beieinanderliegen und was das Ausnahmetalent antrieb. Zusätzlich fließen Hunderte Originalquellen ein, die zeigen, wie es Tesla möglich war, Innovationen wie am Fließband zu produzieren, und welche Business-Strategien auch heute noch gültig sind.

688 Seiten | Hardcover | 26,99 € (D) | 27,80 € (A) | ISBN 978-3-95972-007-6

Die Wirecard-Story

Volker ter Haseborg, Melanie Bergermann

Der Fall Wirecard ist der wohl größte Skandal der Dax-Geschichte. Verschwundene Milliarden, dubiose Partnerfirmen im Ausland und Manager mit schillerndem Doppelleben. Der langjährige Konzernchef Braun sitzt in Haft, Ex-Vorstand Jan Marsalek ist auf der Flucht. Aufseher, Ermittler und Wirtschaftsprüfer sind blamiert. Der Fall Wirecard ist eine Niederlage für den Wirtschaftsstandort Deutschland. Die Autoren sind seit Jahren kritische Begleiter von Wirecard, haben in dieser Zeit ein wertvolles Netzwerk von Informanten aufgebaut und dokumentieren jetzt die facettenreiche Geschichte von Wirecard.

272 Seiten | Hardcover | 19,99 € (D) | 20,60 € (A) | ISBN 987-3-95972-415-9

Shoe Dog

Phil Knight

Als junger, abenteuerlustiger Business-School-Absolvent auf der Suche nach einer Herausforderung lieh Phil Knight sich von seinem Vater 50 Dollar und gründete eine Firma mit einer klaren Mission: qualitativ hochwertige, aber preiswerte Laufschuhe aus Japan importieren. In jenem ersten Jahr, 1963, verkaufte Knight Laufschuhe aus dem Kofferraum seines Plymouth Valiant heraus und erzielte einen Umsatz von 8000 Dollar. Heute liegen die Jahresumsätze von Nike bei über 30 Milliarden Dollar. In unserem Zeitalter der Start-ups hat sich Knights Firma Nike als Maßstab aller Dinge etabliert und sein »Swoosh« ist längst mehr als nur ein Logo. Es ist ein Symbol von Geschmeidigkeit und Größe, eines der wenigen Icons, die in jedem Winkel unseres Erdballs sofort wiedererkannt werden. Erstmals erzählt der Gründer des größten Sportartikel-Herstellers der Welt die ganze Wahrheit über die Gründung von Nike.

448 Seiten | Hardcover | 19,99 € (D) | 20,60 € (A) | ISBN 978-3-89879-992-8